水土保持工程造价编制指南

主编：朱党生　董　强

编写：董　强　朱党生　曾大林

罗纯通　李明强　李学启

孙富行　王治国　赵永军

黄河水利出版社

图书在版编目(CIP)数据

水土保持工程造价编制指南/朱党生，董强主编.
—郑州：黄河水利出版社，2003.10(2006.9重印)
ISBN 7-80621-725-8

Ⅰ.水…　Ⅱ.①朱…②董…　Ⅲ.①水土保持-水利工程-工程造价-技术培训-教材②水土保持-水利工程-概算编制-技术培训-教材　Ⅳ.S157

中国版本图书馆CIP数据核字(2003)第083403号

出 版 社：黄河水利出版社
地址：河南省郑州市金水路11号　　邮政编码：450003
发行单位：黄河水利出版社
发行部电话及传真：0371-6022620
E-mail：yrcp@public.zz.ha.cn
承印单位：河南第二新华印刷厂
开本：850mm×1 168mm　1/32
印张：4.75
字数：84千字　　印数：6 101—9 100
版次：2003年10月第1版　　印次：2006年9月第3次印刷

书号：ISBN 7-80621-725-8/S·54　　定价：16.00元

前　　言

由水利部组织有关专家编制的《开发建设项目水土保持工程概(估)算编制规定》、《水土保持生态建设工程概(估)算编制规定》以及《水土保持工程概算定额》已经国家计委、水利部审查通过，并以水利部水总[2003]67号文颁发执行。

为了配合水土保持概(估)算编制规定及定额的宣贯培训工作，进一步提高水土保持工程设计及造价编制人员的业务水平，以适应水土保持建设发展的需要，受水利部水土保持司委托，我们编写了这本《水土保持工程造价编制指南》。本书既可作为培训水土保持工程造价编制人员的教材，也可供设计、建设、施工、政府管理部门从事水土保持业务工作的有关人员参考及作为相关院校教学参考用书。

由于成书仓促，书中可能有疏漏和错误之处，恳请读者批评指正。

编　者

2003年8月

目　　录

1 编制情况简介

1.1 概 述

为贯彻执行《中华人民共和国水土保持法》及有关法律法规，落实国务院批准的《全国生态环境建设规划》和《全国水土保持生态建设规划》确定的水土流失防治目标和任务，适应全国水土保持工作发展的新形势，满足水土保持工程前期工作的需要，提高投资决策水平，规范计价行为，统一概(估)算编制方法，自1999年7月开始，水利部组织开展了《开发建设项目水土保持工程概(估)算编制规定》、《水土保持生态建设工程概(估)算编制规定》和《水土保持工程概算定额》的研究制定工作，至2002年完成。经水利部审查并商国家计委同意，水利部以水总[2003]67号文颁发施行。

水土保持前期工作中，开发建设项目水土保持工作经过多年发展，已走上正轨；水土保持生态建设项目也开始按基建程序进行管理。但由于水土保持工程涉及大量植物措施和农田基本建设等内容，具有单项工程规模较小、内容繁杂、施工难度和施工队伍等级相对较低等特点，目前的水利工程和其他行业定额及标准很难适用于编制水土保持工程造价文件，致使水土保持工程投资文件编制不规范，主观随意性较大，投资无法落实，不利于有效控制和管理水土保持工程投资。因此，必须尽快编制水土保持工程投资概（估）算编制规定和定额，以满足水利部作为全国水土保持行业主管部门进行行业管理的需要。

1.2 定额编制指导思想

定额编制工作是一项严肃、细致和政策性强的技术经济工作，编制前需要统一思想、统一认识。定额编制应以国家颁布的《中华人民共和国水土保持法》为指针，以《开发建设项目水土保持方案技术规范》、《小流域综合治理标准》、《水土保持综合治理技术规范》为指导，实事求是，尽可能贴近和反映工程实际造价。编制中要突出开发建设项目水土流失治理以及具有改善生态、加强基本农田建设、增加土地利用率等特点的植物措施、梯田修筑、工程整地等工程；简化工作内容子目，增加小流域综合防治体系中的谷坊、水窖、蓄水池工程，反映保土蓄水等小型水利工程定额项目；子目设置力求全面、简单和适用。还要充分考虑水土保持生态建设发展过程是一个动态过程，具有前瞻性，要考虑今后治理措施和标准的提高，及水土保持生态建设发展要求和变化情况。

考虑到水土保持工程造价定额主要是为项目建议书、可行性研究和初步设计等阶段编制投资概（估）算服务的，因此定额章节划分、子目内容要突出综合性，减少工序性内容，以适应前期工作概(估)算编制要求。由于水土保持工程施工难度和施工队伍等级相对较低，因此定额水平、子目设置应体现其特点，定额内容及形式应与现行工程建设专业定额有所区别。

1.3 定额编制的原则和依据

目前，水利工程造价定额体系已比较完善，如以水总[2002]116号文颁布施行的《水利工程设计概(估)算编制规定》、《水利建筑工程概算定额》、《水利建筑工程预算定额》、《水利工程施工机械台时费定额》，以水建管[1999]523号文颁布施行的《水利水电设备安装工程预算定额》、《水利水电设备安装工程概算定额》等。但这些定额主要适用于大中型水利工程，定额效率高、工资水平高；定额子目内容、表现形式和组成多以大型机械化施工为主，缺少具有水土保持工程特点的梯田、谷坊、水窖、蓄水池、防风固沙和林草工程等子目。因此，这次新编的水土保持工程造价定额必须遵循以下编制原则：

定额水平合理，能基本体现水土保持生态建设工程特点，工、料、机消耗水平基本合理，工资与工效搭配具有一致性。

内容全面完整，能基本满足水土保持生态建设工程概(估)算编制要求，可以起到宏观控制投资的作用。

子目设置科学,既要考虑与国际惯例接轨,便于今后造价制度改革,又要避免步距划分过细,调整系数过多,有利于定额的使用和调整,便于操作。

定额的编制依据必须合法,采用的各种规程、规范和技术标准必须有效,有关文件应符合国家的现行政策和法律法规。水土保持工程造价定额是在国家颁布的《中华人民共和国水土保持法》及相关法律文件精神指导下,在充分调查研究基础上,严格按照水利部《小流域综合治理标准》、《水土保持综合治理技术规范》,以施工定额,水利水电工程概预算定额,公路、铁路、冶金、电力定额,林业绿化定额及其他有关定额为依据编制的。

1.4 定额编制基本方法

目前,任何定额的编制都是建立在前人积累的大量定额资料基础上,按照行业规定的工程技术标准、施工技术及验收规范、质量评定标准和安全操作规程,通过收集大量与定额编制有关的实际工程资料和理论数据,并与现行材料价格、费用标准和工资组合,同时与市场价格水平相比较,经过反复分析和测算,最终确定定额工效水平和费用定额标准。

基本方法是:土石方、砌石、混凝土、砂石备料和基础处理工程等章节,属于常规性定额子目,定额资料比较充实,直接根据《建筑安装工程工、料、机械施工指标

(65)》、《水利水电建筑工程预算定额(86)》、《水利水电建筑工程概算定额(88)》,按照水土保持工程施工特点和工效水平,根据收集到的资料,对主要施工机械在各种施工条件下的生产率进行复核或修改,对劳动力的配备进行适当调整,对主要材料消耗量进行测算,按工资、工效协调统一原则经综合、简化、扩大、过渡编制。

机械固沙、梯田、谷坊、水窖、蓄水池和林草工程是新编定额子目,由于缺乏资料,需根据水土保持技术规范,分析计算工程量,并依据施工定额或其他行业定额,按照施工工序编制预算定额,然后经过综合、扩大过渡到概算定额。

施工机械台时费定额,参照现行水利工程施工机械台时费定额编制。按照水土保持工程特点,删去大中型施工机械和概算定额不常用的机械设备,补充新的施工机械编制。

编制规定(含费用标准),根据近几年水利部水利水电规划设计总院审批的概算文件和国家控制水土保持工程造价水平和投资规模的实际情况,按照水土保持工程费用标准和特点进行编制。

1.5 定额组成及项目划分

水土保持工程造价定额由概算定额、施工机械台时费定额和编制规定组成。三者构成了水土保持工程造价定额计价体系。

概算定额按水土保持工程特点划分为十章,第一章土方工程,第二章石方工程,第三章砌石工程,第四章混凝土工程,第五章砂石备料工程,第六章基础处理工程,第七章机械固沙工程,第八章林草工程,第九章梯田工程,第十章谷坊、水窖、蓄水池工程。

施工机械台时费定额由土石方机械、混凝土机械、运输机械、起重机械、砂石料加工机械、钻孔灌浆机械、动力机械、其他机械等内容组成。

编制规定包括《开发建设项目水土保持工程概(估)算编制规定》和《水土保持生态建设工程概(估)算编制规定》两套标准。

开发建设项目水土保持工程,是指对各类工程建设施工和生产运行过程造成的局部人为水土流失进行治理,破坏一处治理一处,治理范围小,它主要依托开发建设项目的存在而存在。生态建设项目水土保持工程,主要是指自然因素或人为因素中不合理的利用土地、毁林毁草、滥垦滥牧等对自然环境造成的水土流失现状进行治理,治理面积大,范围广。虽然都是水土保持工程,但两者在投资政策、资金来源、项目划分、费用构成、计算标准上存在较大差异,必须分别制定不同的编制规定,才能满足投资概(估)算编制的需要。

《开发建设项目水土保持工程概(估)算编制规定》由两部分组成,第一部分为设计概算编制,第二部分为投资估算编制。设计概算编制由第一章概述、第二章项目划分、第三章费用构成、第四章编制方法及计算标准、第五章概算表格组成，将水土保持工程项目划分为工程措施、植物措施、临时工程和独立费用四部分，各部分又下设一、二、三级项目。如拦渣工程、护坡工程、沟道防洪工程、土地整治工程、机械固沙工程、植物防护工程及绿化工程等。

《水土保持生态建设工程概(估)算编制规定》由两部分组成，第一部分为设计概算编制，第二部分为投资估算编制。设计概算编制由第一章概述、第二章项目划分和第三章编制方法及计算标准组成。将水土保持工程项目划分为工程措施、林草措施、封育治理措施和独立费用四部分，四部分之后列示预备费，前述各项合计为工程总投资。其中，工程措施、林草措施和封育治理措施各部分又下设一、二、三级项目。如梯田工程，谷坊、水窖、蓄水池工程，小型蓄排、引水工程，治沟骨干工程，设备及安装工程，水土保持造林、种草工程，拦护设施、补植补种等。

根据水土保持生态建设工程特点，不再单独编列水利水电、铁路公路等行业所特有的临时工程部分，而将其纳入工程单价其他直接费内，同时也将征地及淹没补偿费作为一级项目列入第四部分独立费用。

1.6 定额内容和表现形式

据了解，目前水力发电定额、水利部水利工程定额人工和机械消耗量已分别改用“工时”和“台时”表示，其他基建行业工程建设定额人工、机械消耗量仍采用“工日”和“台班”表示。经综合考虑，为便于今后造价制度改革和与国际惯例接轨，决定采用“工时”和“台时”的表示方法。为实现“量、价”分离，除飞机播种采用金额表示外，所有定额中的零星材料费、其他材料费和其他机械费均采用百分率表示。

另外，水土保持工程概算定额与水利定额或其他林业、园林绿化定额最大不同点是，定额除具有一般性和通用性常规土建工程定额外，增加补充了大量有关防风固沙、梯田、林草、整地、谷坊、水窖、蓄水池等章节，使定额更具特色，比较全面、系统、完整地反映了水土保持工程定额特点，这是其他行业定额无法替代的。

如第九章的梯田工程，包括人工修筑水平梯田、隔坡梯田、坡式梯田及机械修筑水平梯田等定额。定额以水平投影面积为计量单位，以田面宽度、地面坡度和土类级别划分步距并已包括田面、田坎、蓄水埂及作业道路。其中，隔坡梯田面积不含隔坡坡地面积。在选择田面宽度时，已综合考虑了南北方修筑梯田的习惯及差异。这样，在计算单价时，可直接按土地投影面积计算，不必按梯田土石方开挖量计算单价，使单价及投资计算简便可靠。

又如第十章的谷坊、水窖、蓄水池工程，包括谷坊、水窖、集雨面、沉沙池、涝池和蓄水池等定额。为简化计算，定额单位主要以米、座、眼表示。其中，谷坊按坝高，水窖、蓄水池按容积划分步距。本章定额相当于估算指标，但却按用工数和实物消耗量编列，以便能根据工程所在地价格分析计算谷坊、水窖和蓄水池等建筑物单位价格。

再如第八章的林草工程，将整地和林草栽种分开编列。整地按地面坡度和土壤类别划分步距，以整地个数为计量单位，避免了土石方量计算，通过计算单位整地个数单价确定每公顷整地投资。林草栽种按直播种草、草皮铺种、苗圃、直播造林、分殖造林、植苗造林、飞机播种、花卉栽植、果树经济林栽植、假植、成幼林抚育等划分章节，以 $100m^2$、hm^2 和 100 株为计量单位，以行距、株距、地径和坑径划分步距，抛开具体的林、草植物种类不同栽种方法不同的划分模式，使林草栽种定额及单价计算更具通用性和适用性。

1.7 定额水平及总造价水平

1.7.1 定额工效水平

根据工程属性，采用分章选取具有可比条件的定额和工程中常用定额进行对比。经测算，各章定额水平与各行业相关定额水平比较：工效平均提高 5.35%～16.05%，机械效率平均提高 22.5%～29.95%。

1.7.2 总造价水平

开发建设项目总造价水平测算，选择了全国28项投资概(估)算文件，除个别项目投资增减幅度较大外(主要原因是原概算未按有关规定编制，任意提高或降低标准)，大部分工程项目总投资减幅为2.68%～10.25%，平均减幅为5.73%。

水土保持生态建设工程造价管理工作起步较晚，目前尚无真实可靠的投资概(估)算资料可供测算。但计算的人工工资、工程单价和单位工程造价指标与现场考察和调研资料接近，取费标准符合目前水土保持生态建设工程实际造价水平，按本定额和标准编制水土保持生态建设工程投资符合国家投资政策，造价总体水平是合理的，也是可信的。

2 水土保持工程概算定额

2.1 总说明

(1)章节设置。按照土方工程,石方工程,砌石工程,混凝土工程,砂石备料工程,基础处理工程,机械固沙工程,林草工程,梯田工程,谷坊、水窖、蓄水池工程共十章和附录设置。

(2)适用范围。开发建设项目和生态建设工程的水土保持概算单价,均采用本定额编制。其中,具有水土保持功能,但应由开发建设项目主体工程列量的项目,如发电厂房、铁路、公路边坡防护工程可不采用本定额编制。

(3)作业班及工作时间。本定额按一日三班作业施工、每班八小时工作制拟定。如采用一日一班或一日两班工作制时,定额不作调整。

(4)海拔高度调整。由于水土保持工程的工程措施和植物措施海拔高度变化范围较大,无法用某一个工程点来代替,不像水利枢纽工程可以按发电厂房顶部高程为依据确定,所以本定额引入平均海拔高度的概念,来解决高程调整系数问题。

(5)工作内容。定额中不可能将所有工作都反映出来,故在各章节子目中扼要说明了主要施工过程及工序。对于次要的施工过程、施工工序和必要的辅助工作所需的人工、材料、机械,没有说明,但也包括在定额内。

(6)计量单位。定额中人工用“工时”、机械用“台时”为计量单位。材料均采用法定计量单位计量。

(7)人工、机械工作时间。人工和机械定额数量,包括基本工作、辅助工作、准备与结束、不可避免的中断、必要的休息、工程检查、交接班、班内工作干扰、夜间工效影响以及常用工具和机械的维修、保养、加油、加水等全部工作时间。

(8)材料表示方法。定额中的材料是指完成该定额子目工作内容所需的全部材料耗用量,包括主要材料、其他材料及零星材料。

凡一种材料名称之后同时并列几种不同型号规格的,表示这种材料只能选用其中一种型号规格的定额进行计价。如石方开挖定额导线名称后面列有火线和电线,只能取其中一种计价。

凡一种材料分几种型号规格与材料名称同时并列的,如石方开挖定额中同时并列导火线和导电线,则表示这些名称相同而型号规格不同的材料都应同时计价。

(9)机械表示方法。定额中的机械是指完成该定额子目工作内容所需的全部机械耗用量,包括主要机械和其他机械。

凡一种机械名称之后同时并列几种不同型号规格的，表示这种机械只能选用一种型号规格的定额进行计价。如运输定额中的自卸汽车后面列有不同吨位，表示只能选用其中一种吨位的自卸汽车计价。

凡一种机械分几种型号规格与机械名称同时并列的，则表示这些名称相同而规格不同的机械都应同时计价。例如，颚式破碎机破碎筛分碎石，并列有 $B=650$、$B=500$ 胶带运输机两行，这两种机械应同时计价。

(10)其他材料费、零星材料费、其他机械费表示方法。其他材料费、零星材料费、其他机械费均以费率形式表示，其计算基数如下：

其他材料费，以主要材料费之和为计算基数；

零星材料费，以人工费、机械费之和为计算基数；

其他机械费，以主要机械费之和为计算基数。

(11)定额用数字表示的适用范围：

只用一个数字表示的，仅适用于该数字本身。当需要选用的定额介于两子目之间时，可用插入法计算。例如，水平阶整地，地面坡度 35°，应采用定额 08002 与 08003 子目进行插入计算。

数字用上下限表示的，如 2000～2500，适用于大于 2000、小于或等于 2500 的数字范围。例如，沟槽石方开挖，底宽 4m，风钻钻孔，Ⅹ级岩石，应选用 02026

定额子目计算。

(12)各章挖掘机定额,均按液压挖掘机拟定,使用时不作调整。

(13)各章的汽车运输定额,适用于施工场内运输10km以内。场外运输,应按工程所在地区的运价标准计算,不属本定额范围。

2.2 土方工程

2.2.1 概述

(1)定额子目设置。包括土方开挖、运输、填筑压实等定额,共计32节,323个子目。

(2)根据施工方法不同,可分为下列三类定额:

1)以人力施工为主的定额。如人工挖一般土方,人工挖沟槽、柱坑,平台,人力挑(抬)运土,人工装胶轮车运土,人工夯实土方等定额。

2)小型机械运输、夯实定额。如人工装土机动翻斗车运输、人工装土手扶拖拉机运输、蛙夯夯实定额。

3)大型施工机械定额。如推土机推运土、铲运机铲运土、挖掘机及装载机挖装土自卸汽车运输、打夯机夯实、拖拉机压实、羊脚碾压实、轮胎碾压实、振动碾压实定额。

2.2.2 章说明讲解

2.2.2.1 计量单位及名词解释

(1)土方开挖及运输定额,均按自然方为计量单位。填筑压实定额均以压实方为计量单位。

(2)名词解释：

自然方：指未经扰动的自然状态的土方。

松方：指自然方经人工或机械开挖而松动过的土方。

压实方：指填筑、回填并经过压实后的成品方。

2.2.2.2 工程量计量

(1)人工开挖排水沟、截水沟、沟槽、柱坑等定额，不包括按设计需要必须增放坡度增加的工程量，如遇到应计入相应设计工程量内。

(2)土方填筑工程量按设计几何轮廓尺寸计算，对于坝基施工和竣工后沉陷增加的工程量，施工沉陷应计入综合损耗(见定额章说明)，竣工后沉陷按行业设计规范计算。

2.2.2.3 重要条款讲解

(1)一般土方、沟槽、柱坑、平台、排水沟、截水沟定额的有关规定及适用范围：

1)一般土方开挖定额：适用于一般明挖土方工程和上口宽超过 4m 的沟槽以及上口面积大于 $20m^2$ 的柱基坑土方工程。

2)沟槽土方定额：适用于底宽和槽深小于或等于 4m 的土方工程。该定额包括修整底、边，如不需要，定额应乘以 0.9 的系数。

3)柱坑土方定额：适用于上口面积小于或等于

$20m^2$,开挖深度小于或等于 5m 的土方工程。该定额包括修整底、边,如不需要,定额应乘以 0.9 的系数。

4)平台土方定额:适用于台阶宽度小于 2m 的土方工程。

5)排水沟、截水沟土方定额:适用于不需要修整底、边的拦蓄排水土方工程。

(2)砂砾(卵)石开挖运输,按Ⅲ类土定额计算。

(3)挖掘机、装载机挖装土自卸汽车运输,仅列出Ⅲ类土定额。如遇到Ⅰ、Ⅱ类土,按Ⅲ类土定额的人工、机械乘以 0.91 系数计算;Ⅳ类土按Ⅲ类土定额的人工、机械乘以 1.09 系数计算,但零星材料费费率不变。

(4)挖掘机、装载机挖装土料自卸汽车运输定额,系按挖装自然方拟定。如挖装松土时,人工及挖装机械乘以 0.85 系数。

(5)水力冲填淤地坝主要适用于中小型坝和土质为砂壤土、轻粉质壤土、中粉质壤土和重粉质壤土等土料。

(6)坝体压实按压实成品方计。土料的备料量和运输量则需要按下列公式计算:

$$100m^3\text{ 实方需要的自然方量}=100(1+A)\frac{\text{设计干密度}}{\text{天然干密度}}$$

式中:A 值查表可得;设计干密度、天然干密度由设计单位提供或根据实测资料确定,两者的比值是自然方与坝上方的折合系数，也称为折实系数。

2.2.3 本章定额子目的使用方法及注意事项

(1)使用定额时，首先要认真阅读总说明、章说明及各节定额的工作内容和适用范围。只有理解定额、熟悉定额，才能正确使用定额。

(2)根据施工方法、土质级别及运输距离选用定额子目。

定额中挖掘机、装载机挖装土自卸汽车运输，仅列出Ⅲ类土定额，若遇Ⅰ、Ⅱ类土或Ⅳ类土，采用Ⅲ类土定额分别乘以调整系数计算。

(3)挖掘机及装载机挖装土自卸汽车运输定额，根据不同运距，定额选用及计算方法如下：

1)运距在5km内，又是整数运距时，如0.5、1、1.5、2、2.5、3km，直接按表中定额子目选用。

2)运距0.5km以内，如0.35、0.45km，可直接套用定额，不必插值计算。

3)运距为0.7、1.2、1.7、2.2、2.7、3.4、4.5km等时，采用插入法计算。

4)运距在5km以上、10km以内时，按下式计算

$$5\text{km值} + (\text{运距} - 5) \times \text{每增运1km值}$$

5)运距超过10km时，定额已不适用，应按工程所在地区的公路运价标准计算，不属本定额范围。

一般水土保持工程弃土场或土料场距工作面不会太远，运距不会超过10km。

(4)人工装土机动翻斗车运输、人工装土手扶拖拉机运输等节定额，不包括挖土，只包括装、卸土及运输，如遇有人工挖土，应另计费用。

(5)人工挖土胶轮车运输，人工装土翻斗车、手扶拖拉机运输定额，运输距离宜控制在400m和800m以内，如果运距超过上述值，一般应改变施工方法，选用大型施工机械施工定额。

(6)一－32节水力冲填淤地坝(或称水坠坝)，已将修筑边埂、水力冲填土方、排水、清基、挖造泥沟、输泥渠、削坡、清坝肩及结合槽土方等工作计入了定额，但不包括泄洪、排水、放水等永久设施费用，如有需另计。

(7)定额中已包括施工操作损耗、允许超挖超填量、合理的施工附加量和体积变化等因素。例如，沟槽、柱坑等土方开挖定额中，已将施工规范允许超挖厚度计入超挖量。

(8)工程量应按照设计图纸轮廓尺寸计算。

2.2.4 案例

某水土保持生态建设工程，需要修建普通淤地坝5座，每座淤地坝设计工程量平均为8万m^3，采用水力冲填筑坝法施工，土料为砂壤土，就近开采。要求根据水总[2003]67号文规定编制淤地坝概算投资。

解:(1)根据题意，套用水土保持工程概算定额[01322]分析单价。

水力冲填淤地坝

定额编号:[01322] 单位:100m³

施工方法:推土机筑边埂,拖拉机碾压,水力冲填筑坝

编号	名称及规格	单位	数量	单价(元)	合价(元)
一	直接费				451.12
(一)	基本直接费				437.98
1	人工费				94.40
	人工	工时	59.0	1.6	94.40
2	零星材料费	%	7	409.33	28.65
3	机械使用费				314.93
	推土机 55kW	台时	2.43	52.36	127.23
	拖拉机 55kW	台时	0.53	39.06	20.70
	水枪 陕西 20 型	台时	3.90	3.75	14.63
	离心水泵 多级 40kW	台时	3.90	39.07	152.37
(二)	其他直接费	%	3		13.14
二	间接费	%	7		31.58
三	企业利润	%	3		14.48
四	税金	%	3.22		16.01
合计					513.19

(2)计算概算投资:

1 座投资:8 万 m³×5.13 元/m³=41.04 万元

5 座投资:5 座×41.04 万元/座=205.2 万元

2.3 石方工程

2.3.1 概述

(1)定额子目设置。本章包括一般石方、保护层、沟槽、柱坑等石方开挖及石渣运输定额,共计 14 节,116 个子目。

(2)施工方法按主要施工机械类型分为:

1)风钻钻孔为主的定额。如一般石方开挖、坡面石方开挖、基础石方开挖、沟槽石方开挖、坑石方开挖等定额。

2)潜孔钻钻孔为主的定额。如一般石方开挖定额。

3)胶轮车、翻斗车、手扶拖拉机运输定额。

4)推土机推石渣、挖掘机及装载机装石渣自卸汽车运输定额。

2.3.2 章说明讲解

2.3.2.1 计量单位

本章定额计量单位,除注明者外,均按自然方计算。

2.3.2.2 工程量计量

各节石方开挖定额中,人工已包括超挖部分的翻渣、清面及修整断面用工,石渣运输定额量已含超挖方量。因此,工程量按照设计图纸轮廓尺寸计算即可。如沟槽、柱坑、基础石方等定额,都根据开挖断面尺寸大小不同，包括了不同的超挖量和施工附加量。

2.3.2.3　重要条款讲解

(1)一般石方、基础石方、沟槽、柱坑等项的有关规定及适用范围：

1)一般石方开挖定额，适用于除坡面、基础、沟槽、坑以外的石方开挖工程。

2)基础石方开挖定额将一般石方、坡面石方、保护层石方、沟槽石方等项综合成基础石方开挖，适用于中小型坝、闸、溢洪道、泵站、消力池等不同开挖深度的基础石方开挖工程。

3)坡面石方开挖定额，适用于设计开挖面倾角大于20°、小于或等于40°，厚度5m(垂直于设计面的平均厚度)以内的石方开挖工程。

4)沟槽石方开挖定额，适用于底宽7m以内、两侧垂直或有边坡的长条形石方开挖工程。如渠道、截水沟、排水沟等。

5)坑石方开挖定额，适用于上口面积160m^{2}以下、深度小于上口短边长度或直径的工程。如集水坑、墩基、柱基等。

(2)本定额按照十六级岩石分类中的前XIV级岩石制定。一般工程不会超过XIV级岩石，若遇极个别情况岩石级别超过XIV级时，可按章说明中调整系数计算。

2.3.3 本章主要定额子目的使用方法及注意事项

(1)本章定额基本上是常用的定额。如一般石方、坡面石方、基础石方、沟槽石方、坑石方开挖及石渣运输定额,哪个工程都要用到其中的一部分。所以,这些定额都很重要,需要正确使用。

(2)本章未编制石方洞挖定额,如遇到此类单价,可参考《水利建筑工程概算定额》编制。

(3)人工装石渣胶轮车运输,人工装石渣翻斗车、手扶拖拉机运输定额,运输距离宜控制在 400m 和 800m 以内,如果运距超过上述值,一般应改变施工方法,选用大型施工机械施工定额。

(4)挖掘机及装载机装石渣自卸汽车运输定额,不同运距的计算方法与土方工程中介绍的计算方法相同。

2.3.4 案例

某开发建设项目水土保持工程,开挖底宽 2.5m、Ⅹ级岩石的沟槽石方,采用风钻钻孔爆破,人工装 $0.5m^3$ 机动翻斗车运 350m。2 号岩石炸药 5.0 元/kg,4 号抗水岩石铵锑炸药 5.5 元/kg。要求根据水总[2003]67 号文规定计算沟槽石方开挖概算单价。

解:(1)编制石渣运输直接费单价,350m 运距需插值计算,选择概算定额编号[02070]、[02071]。

石渣运输

定额编号:[02070]、[02071]　　单位:$100m^3$

施工方法:人工装、$0.5m^3$ 机动翻斗车运 350m

编号	名称及规格	单位	数量	单价(元)	合价(元)
(一)	直接费				1504.74
1	人工费				576.40
	人工	工时	220	2.62	576.40
2	零星材料费	%	2		29.50
3	机械使用费				898.84
	机动翻斗车　$0.5m^3$	台时	81.05	11.09	898.84

(2)编制沟槽石方开挖概算单价,选择概算定额编号[02026]。

沟槽石方开挖

定额编号:[02026]　　单位:$100m^3$

施工方法:Ⅹ级岩石,风钻钻孔,底宽 2.5m

编号	名称及规格	单位	数量	单价(元)	合价(元)
一	直接工程费				4292.93
(一)	直接费				4012.09
1	人工费				917.26
	人工	工时	350.1	2.62	917.26

续表

编号	名称及规格	单位	数量	单价(元)	合价(元)
2	材料费				884.33
	合金钻头	个	4.57	40	182.80
	炸药	kg	83.28	5.25	437.22
	雷管	个	124.37	0.8	99.50
	导电线	m	305.59	0.35	106.96
	其他材料费	%	7		57.85
3	机械使用费				615.20
	风钻　　手持式	台时	23.12	24.19	559.27
	其他机械费	%	10		55.93
4	石渣运输	m^3	106	15.05	1595.30
(二)	其他直接费	%	3		120.36
(三)	现场经费	%	4		160.48
二	间接费	%	4		171.71
三	企业利润	%	7		312.52
四	税金	%	3.22		153.82
合　　计					4930.98

2.4 砌石工程

2.4.1 概述

本章包括砌筑、抛石、喷锚等定额共 27 节、100 个子目,适用于水土保持工程措施的防护、挡土墙、坝等砌石工程。

2.4.2 章说明讲解

2.4.2.1 计量单位

(1)本章定额计量单位:砌(铺)筑为 $100m^3$ 实体方,铺土工布(膜)等为 $100m^2$,土(石)填筑等为 $100m^3$ 堰体方、抛投方或成品方。

(2)本章各节定额中的材料用量计量单位:砂、碎石为堆方;片石、块石、卵石为码方;毛条石、料石为清料方。

2.4.2.2 工程量计算方法

(1)土工布、土工膜、塑料薄膜三节定额,仅指这些防渗(反滤)材料本身的铺设,不包括上面的保护(覆盖)层和下面的垫层砌筑,其定额计量单位是指设计有效防渗面积。

(2)喷浆(混凝土)定额已包括了回弹及施工损耗量,定额计量单位以喷后的设计有效面积(体积)计算。

2.4.2.3 重要条款讲解

(1)碎石:指经破碎、加工分级后,粒径大于 5mm 的石块。

(2)卵石:指最小粒径大于20cm的天然河卵石。

(3)块石:指厚度大于20cm,长、宽各为厚度的2~3倍,上下两面平行且大致平整,无尖角、薄边的石块。

(4)片石:指厚度大于15cm,长、宽各为厚度的3倍以上,无一定规则形状的石块。

(5)毛条石:指一般长度大于60cm的长条形四棱方正的石料。

(6)料石:指毛条石经修边打荒加工,外露面方正,各相邻面正交,表面凸凹不超过10mm的石料。

2.4.3 本章主要定额子目的使用方法和注意事项

(1)本章定额不包括砂石料、块石开采、运输,如遇到可按第五章砂石备料工程定额计算。

(2)锚杆定额中的锚杆长度是指嵌入岩石的设计有效长度,按规定应留的外露部分及加工过程中的损耗,均已计入定额。锚杆附件包括垫板、三角铁和螺帽等。

(3)本章材料消耗定额中的抹面砂浆、勾缝砂浆、砌筑砂浆及混凝土强度等级的选择应符合设计要求,设计未明确的,可按以下标准选择:砌筑砂浆为M7.5,抹面砂浆及勾缝砂浆为M10,混凝土强度为C20。

(4)本章材料消耗定额中水泥强度等级的选择应符合设计要求,设计未明确的,一般选用32.5级普通硅酸盐水泥。

(5)石子(碎石、卵石)最大粒径不超过4cm。

(6)砂子粒径以中砂(粒径0.25～0.5mm)为好，不得使用面砂(极细砂:粒径0.05～0.1mm)，且含泥量不得超过砂子重量的5%。

2.5 混凝土工程

2.5.1 概述

本章包括现浇混凝土、预制混凝土、混凝土拌和、混凝土运输、钢筋制安等定额共27节、68个子目(定额子目设置见表2-1)。适用于水土保持拦渣(洪)坝、格栅坝、拦渣墙(挡土墙)、明渠、渡槽等建筑物的混凝土工程。

表2-1 定额子目设置

序号	项目名称	子目	子目划分方法
一	现浇混凝土12节	21	
1	四－1 混凝土坝	1	
2	四－2 格栅坝	1	
3	四－3 挡土墙	3	按结构型式划分
4	四－4 溢流面	1	
5	四－5 溢洪道	1	
6	四－6 护坡框格	1	
7	四－7 渡槽槽身	3	按渡槽平均壁厚划分
8	四－8 排导槽	1	
9	四－9 明渠	3	按衬砌厚度划分

续表 2-1

序号	项目名称	子目	子目划分方法
10	四－10　排架	1	
11	四－11　混凝土压顶	1	
12	四－12　土工膜袋混凝土	4	按陆上、水下及膜袋混凝土厚度划分
二	预制混凝土及安装 2 节	5	
13	四－13　预制混凝土构件	3	按预制构件类型及体积划分
14	四－14　预制混凝土构件运输、安装	2	按构件运输、安装划分
三	混凝土拌制运输 12 节	41	
15	四－15　拌和机拌制混凝土	2	按拌和机容量划分
16	四－16　人工运混凝土	2	按运距划分
17	四－17　胶轮车运混凝土	2	按运距划分
18	四－18　机动翻斗车运混凝土	6	按运距划分
19	四－19　小型拖拉机运混凝土	2	按运距划分
20	四－20　自卸汽车运混凝土	5	按运距划分
21	四－21　搅拌车运混凝土	5	按运距划分
22	四－22　泻槽运混凝土	3	按泻槽长度划分
23	四－23　卷扬机井架吊运混凝土	2	按垂直运距划分
24	四－24　履带起重机吊运混凝土	2	按吊高划分
25	四－25　塔式起重机吊运混凝土	9	按混凝土吊罐容积及吊高划分
26	四－26　泵送混凝土	1	
四	钢筋制作与安装 1 节	1	
27	四－27　钢筋制作、安装	1	
合计	27 节	68	

2.5.2 章说明讲解

(1)计量单位。本章定额的计量单位,除注明者外,均为建筑物及构筑物的成品实体方。

(2)重要条款及主要工作内容:

1)混凝土浇筑包括冲(凿)毛、冲洗、清仓,铺水泥砂浆,平仓浇筑,振捣、养护,模板制作、安装、拆除、维修,工作面运输(不含浇筑现场垂直运输)及辅助工作。

2)预制混凝土制作及安装包括预制场冲洗、清理、配料、拌制、浇筑、振捣、养护,模板制作、安装、拆除、修整,预制构件吊装、校正、固定、焊接、二期混凝土浇筑、填缝灌浆,现场冲洗、拌浆、砌筑、勾缝(指预制混凝土板砌筑),以及预制场和安装现场场内运输及辅助工作。

3)混凝土拌制包括配料、加水、加外加剂、搅拌、出料、清洗及辅助工作。

4)混凝土运输包括装料、运输、卸料、空回、冲洗、清理及辅助工作。

5)混凝土坝(堰)体定额,包括消力池、护坦、海漫、胸墙等工作内容,但不包括溢流面及导水墙,这些工程,另按本章有关定额计算。

6)混凝土格栅坝定额,不包括设置格栅的型钢制作安装费用,如遇到这类费用需另计。

(3)混凝土材料定额中的“混凝土”,系指完成单位产品所需的混凝土半成品量,其中包括干缩、运输、浇筑损耗及超填量在内。混凝土半成品的单价，为配制混凝土所需水泥、骨料、水、掺合料及其外加剂等的费用之和。各项材料用量如按试验资料应计入拌制场内运输及操作损耗，损耗率为：水泥2.5%、砂3%、石子4%；无试验资料时，可参考本定额附录中的混凝土材料配合比表选用。

(4)混凝土拌制：

1)混凝土拌制定额均以半成品方为计量单位，不包括干缩、运输、浇筑损耗及超填量在内。

2)搅拌机清洗用水已计入拌制定额的零星材料费中。

(5)混凝土运输：

1)现浇混凝土运输，指混凝土自搅拌机出料口至浇筑现场工作面的全部水平和垂直运输。

2)预制混凝土构件运输，指预制场至安装现场之间的运输。预制混凝土构件在预制场和安装现场的运输，包括在预制及安装定额内。

3)混凝土运输定额均以半成品方为计量单位，不包括干缩、运输、浇筑损耗及超填量在内。

4)混凝土和预制混凝土构件运输，应根据设计选定的运输方式、设备型号规格，按本章运输定额计算。

(6)混凝土浇筑：

1)混凝土浇筑定额中包括浇筑和工作面运输（不含浇筑现场垂直运输）所需全部人工、材料和机械的数量及费用。

2)混凝土浇筑的仓面清洗用水,已分别计入浇筑定额的用水量及其他材料费中。

3)混凝土构件预制及安装定额,包括预制及安装过程中所需人工、材料、机械的数量和费用。若预制混凝土构件单位重量超过定额中起重机械起重量时,可用相应起重量机械替换,台时量不变。

(7)预制混凝土定额中的模板材料为单位混凝土成品方的摊销量,已考虑了周转。

(8)混凝土拌制及浇筑定额中,不包括骨料预冷、加冰、通水等温控所需人工、材料、机械的数量和费用。

(9)钢筋制作与安装定额中,其钢筋定额消耗量已包括钢筋制作与安装过程中的加工损耗、搭接损耗及施工架立筋附加量(钢筋制作与安装定额,不分部位、规格型号综合计算)。

2.5.3 定额适用范围

定额适用范围见表2-2。

表2-2 定额适用范围

序号	项目名称	子目	适用范围
一	现浇混凝土12节	21	
1	四-1 混凝土坝	1	重力坝、拱坝浇筑
2	四-2 格栅坝	1	钢筋混凝土格栅坝浇筑
3	四-3 挡土墙	3	拦渣墙、挡土墙、导水墙混凝土构筑物浇筑

续表 2-2

序号	项目名称	子目	适用范围
4	四－4　溢流面	1	溢流坝面浇筑
5	四－5　溢洪道	1	包括溢流堰、胸墙、闸墩、底板、边墙、导水墙、工作桥、挑流坎等
6	四－6　护坡框格	1	堤、坝、河岸块石护坡的混凝土浇筑
7	四－7　渡槽槽身	3	泥石流防治工程的渡槽槽身混凝土浇筑
8	四－8　排导槽	1	泥石流防治工程的排导槽混凝土浇筑
9	四－9　明渠	3	引水、泄水、排洪渠道及隧洞进出口明挖段的边坡、底板，土基上的槽形整体
10	四－10　排架	1	渡槽排架及一般结构混凝土浇筑
11	四－11　混凝土压顶	1	浆砌块石、干砌块石挡土墙压顶混凝土浇筑
12	四－12　土工膜袋混凝土	4	坡面防护膜袋混凝土
二	预制混凝土及安装 2 节	5	
13	四－13　预制混凝土构件	3	梁、排架、柱、桩、盖板、护坡衬砌板
14	四－14　预制混凝土构件运输、安装	2	本章各类型混凝土预制件

续表 2-2

序号	项目名称	子目	适用范围
三	混凝土拌制运输 12 节	41	圆形倒虹吸管、压力管道及各种现浇线形涵管
15	四－15　拌和机拌制混凝土	2	各种级配混凝土
16	四－16　人工运混凝土	2	
17	四－17　胶轮车运混凝土	2	人工上料
18	四－18　机动翻斗车运混凝土	6	人工上料
19	四－19　小型拖拉机运混凝土	2	人工给料
20	四－20　自卸汽车运混凝土	5	搅拌机或贮料斗给料
21	四－21　搅拌车运混凝土	5	搅拌机给料
22	四－22　泻槽运混凝土	3	贮料斗给料
23	四－23　卷扬机井架吊运混凝土	2	搅拌机给料
24	四－24　履带起重机吊运混凝土	2	汽车运混凝土罐给料
25	四－25　塔式起重机吊运混凝土	9	汽车运混凝土罐给料
26	四－26　泵送混凝土	1	搅拌机给料
四	钢筋制作与安装 1 节	1	
27	四－27　钢筋制作、安装	1	
合计	27 节	68	

2.5.4 本章主要定额子目的使用方法及注意事项

(1)四-9 节明渠定额是按软基拟定的,如为岩石基础,定额用量扩大 10%,但费率不扩大。

(2)四-10 节排架定额是按矩形排架拟定的,如遇 A 形排架,人工扩大 10%,其他不变。

(3)四-13 节预制混凝土构件定额中的材料量不包括桩靴用量,如遇到另计。

(4)四-20 节自卸汽车运混凝土是按露天运输拟定的,如遇洞内运输,人工、机械定额乘以 1.25 系数。

(5)四-21 节搅拌车运混凝土定额,是按 $3m^3$ 车拟定的,如遇 $6m^3$ 车,台时消耗量乘以 0.52 系数。该定额适用于露天运输,洞内运输时,人工、机械定额乘以 1.25 系数。

(6)四-22 节泻槽运混凝土定额中的泻槽摊销费已计入零星材料费。

(7)四-23 节卷扬机井架吊运混凝土定额,是混凝土垂直运输定额,不包括胶轮车至搅拌机的水平运输,需要时另计。

(8)在计算胶轮车、机动翻斗车运混凝土时,运输距离宜控制在 400m 和 800m 以内;小型拖拉机运输时,宜控制在 3km 以内。如果运距超过上述值,一般应改变施工方法,选用大型施工机械施工定额。

2.5.5 附录(附录二－7 混凝土、砂浆配合比及材料用量)

2.5.5.1 混凝土配合比有关说明

(1)水泥混凝土强度等级是以 28d 龄期、用标准试验方法测得的具有 95%保证率的抗压强度标准值确定的,如设计龄期超过 28d,按表 2-3 系数换算。计算结果如介于两种强度等级之间时,应选用高一级的强度等级。

表 2-3

设计龄期(d)	28	60	90	180
强度等级折合系数	1.00	0.83	0.77	0.71

(2)混凝土配合比表系卵石、粗砂混凝土,如改用碎石或中、细砂,按表 2-4 系数换算。

表 2-4

项目	水泥	砂	石子	水
卵石换为碎石	1.10	1.10	1.06	1.10
粗砂换为中砂	1.07	0.98	0.98	1.07
粗砂换为细砂	1.10	0.96	0.97	1.10
粗砂换为特细砂	1.16	0.90	0.95	1.16

注:水泥按重量计,砂、石子、水按体积计。

(3)混凝土细骨料的划分标准为：

细度模数3.19～3.85(或平均粒径1.2～2.5mm)为粗砂；

细度模数2.5～3.19(或平均粒径0.6～1.2mm)为中砂；

细度模数1.78～2.5(或平均粒径0.3～0.6mm)为细砂；

细度模数0.9～1.78(或平均粒径0.15～0.3mm)为特细砂。

(4)埋块石混凝土，应按配合比表的材料用量，扣除埋块石实体的数量计算。

1)埋块石混凝土材料量＝配合比表列材料用量×(1－埋块石量%)。

1块石实体方＝1.67码方

2)因埋块石增加的人工见表2-5。

表2-5

埋块石率(%)	5	10	15	20
每100m³埋块石混凝土增加人工工时	24.0	32.0	42.4	56.8

注：不包括块石运输及影响浇筑的工时。

(5)有抗渗、抗冻要求时，按表2-6水灰比选用混凝土强度等级。

表 2-6

抗渗等级	一般水灰比	抗冻等级	一般水灰比
W4	0.60～0.65	F50	<0.58
W6	0.55～0.60	F100	<0.55
W8	0.50～0.55	F150	<0.52
W12	<0.50	F200	<0.50
		F300	<0.45

(6)混凝土配合比表的预算量包括场内运输及操作损耗在内,不包括搅拌后(熟料)的运输和浇筑损耗,搅拌后的运输和浇筑损耗已根据不同浇筑部位计入定额内。

(7)按照国际标准(ISO3893)的规定,且为了与其他规范相协调,将原规范混凝土及砂浆标号的名称改为混凝土或砂浆强度等级。新强度等级与原标号对照见表 2-7 和表 2-8。

表 2-7

原混凝土标号 (kgf/cm²)	100	150	200	250	300	350	400
混凝土强度等级 (C)	C9	C14	C19	C24	C29.5	C35	C40

表 2-8

原砂浆标号（kgf/cm²）	30	50	75	100	125	150	200	250	300	350	400
砂浆强度等级(M)	M3	M5	M7.5	M10	M12.5	M15	M20	M25	M30	M35	M40

2.5.5.2 纯混凝土材料配合比及材料用量

纯混凝土材料配合比及材料用量见定额附录二－7表7-7。

2.5.5.3 泵用混凝土材料配合比及材料用量

泵用混凝土材料配合比表见定额附录二－7、表7-8。

2.5.5.4 水泥砂浆材料配合比及材料用量

水泥砂浆材料配合比表见定额附录二－7、表7-9。

2.5.5.5 水泥强度等级

水泥强度等级与水泥标号对应关系见表 2-9。

表 2-9 水泥强度等级与水泥标号对应关系

水泥标号	水泥强度等级
GB175—92	GB175—1999
725(R)	62.5(R)
625(R)	52.5(R)
525(R)	42.5(R)
425(R)	32.5(R)

续表 2-9

水泥标号	水泥强度等级
GB1344—92 625(R) 525(R) 425(R)	GB1344—1999 52.5(R) 42.5(R) 32.5(R)
GB12958—91 525(R) 425(R)	GB12958—1999 52.5(R) 42.5(R) 32.5(R)

注:为了使我国水泥强度检验方法与国际标准接轨,国家质量技术监督局 1999 年 7 月 30 日发布了 GB175—1999《硅酸盐水泥、普通硅酸盐水泥》、GB1344—1999《矿渣硅酸盐水泥、火山灰质硅酸盐水泥及粉煤灰硅酸盐水泥》、GB12958—1999《复合硅酸盐水泥》等国家标准。

2.5.6 案例

某开发建设项目水土保持工程需要修建扶壁式挡渣墙,已知混凝土设计强度等级为 C14 三级配,采用 0.8m^3 混凝土搅拌机拌制,0.5m^3 机动翻斗车运 400m,经泻槽 8m 入仓。要求根据水总[2003]67 号文规定编制挡渣墙概算投资。

解:(1)根据题意,套用水土保持工程概算定额[04028]、[04036]和[04051]、[04052],编制混凝土拌制、水平运输、垂直运输直接费单价。

拌和机拌制混凝土

定额编号:[04028]　　单位:$100m^3$

施工方法:人工装、$0.8m^3$ 混凝土搅拌机拌制

编号	名称及规格	单位	数量	单价(元)	合价(元)
(一)	直接费				974.82
1	人工费				560.68
	人工	工时	214.0	2.62	560.68
2	零星材料费	%	8		72.21
3	机械使用费				341.93
	混凝土搅拌机　$0.8m^3$	台时	10.60	24.446	259.13
	胶轮架子车	台时	92.00	0.90	82.80

机动翻斗车运混凝土

定额编号:[04036]　　单位:$100m^3$

施工方法:$0.5m^3$ 机动翻斗车运 400m

编号	名称及规格	单位	数量	单价(元)	合价(元)
(一)	直接费				631.74
1	人工费				193.88
	人工	工时	74.0	2.62	193.88
2	零星材料费	%	5		30.08
3	机械使用费				407.78
	机动翻斗车　$0.5m^3$	台时	36.75	11.096	407.78

溜槽运混凝土

定额编号:[04051]、[04052]　　单位:$100m^3$

施工方法:翻斗车经 8m 溜槽入仓

编号	名称及规格	单位	数量	单价(元)	合价(元)
(一)	直接费				129.78
1	人工费				108.15
	人工	工时	41.28	2.62	108.15
2	零星材料费	%	20		21.63

(2)编制扶壁式挡渣墙混凝土概算单价,套概算定额[04005]。

扶壁式挡渣墙

定额编号:[04005]　　单位:$100m^3$

施工方法:人工装、$0.5m^3$ 机动翻斗车运 400m

编号	名称及规格	单位	数量	单价(元)	合价(元)
一	直接工程费				23452.98
(一)	直接费				21516.50
1	人工费				2129.80
	人工	工时	812.9	2.62	2129.80
2	材料费				16658.56
	板枋材	m^3	0.61	1250	762.50

续表

编号	名称及规格	单位	数量	单价(元)	合价(元)
	钢模板	kg	133.00	4.5	598.50
	铁件	kg	76.00	3.2	243.20
	混凝土 C14 三级配	m^3	113.00	129.91	14679.83
	其他材料费	%	2.3		374.53
3	机械使用费				2728.14
	振捣器 1.1kW	台时	51.00	1.94	98.94
	风水枪	台时	21.00	27.01	567.21
	其他机械费	%	15.0		99.92
	混凝土拌制	m^3	113	9.7482	1101.54
	混凝土运输	m^3	113	7.6153	860.53
(二)	其他直接费	%	3		645.49
(三)	现场经费	%	6		1290.99
二	间接费	%	4		938.12
三	企业利润	%	7		1707.38
四	税金	%	3.22		840.37
合 计					26938.85

2.6 砂石备料工程

2.6.1 概述

(1)水土保持工程一般单项工程规模小、施工简单,由施工单位根据当地砂石料储量情况自行采备很少见,都是采取外购方式或直接利用开发建设项目主体工程砂石料单价。因此,本章定额对水利工程传统的砂石料加工工艺、定额及单价计算进行了简化,只列示了人工筛分、利用开采的碎石、块石原料加工砂石料定额,便于设计单位在遇到类似工程时,直接采用本章定额计算砂石料单价,而不必借用其他定额。

(2)定额子目设置。本章包括砂石骨料、块石、条料石的开采、加工、运输定额,共23节、104个子目。

(3)根据施工方法不同,可分为下列四类定额:

1)人工开采、检集、运输定额。如人工开采、检集,人工挑(抬)运,人工装胶轮车运砂石料、块石、条石等定额。

2)小型机械运输定额。如人工装机动翻斗车运砂石料、块石,人工装手扶拖拉机运砂石料、块石。

3)机械开采砂石料、块石定额。如手风钻钻孔爆破、挖掘机及装载机挖装运砂石料、块石。

4)人工、机械加工砂石料定额。如人工筛分天然砂石料、溜洗骨料,颚式破碎机破碎、筛分碎石等定额。

2.6.2 章说明讲解

2.6.2.1 计量单位

本章定额的计量单位均为成品方。成品方是指每节规定的工作内容完成后的松散砂石料。

2.6.2.2 名词解释

砂石料：指砂砾料、碎石、砂、骨料的统称。

砂砾料：指未经加工的天然砂卵石料。

砾石：指砂砾料中粒径大于5mm的卵石。

碎石原料：指未经破碎、加工的主体工程石方开挖弃料。

碎石：指经破碎、加工分级后，粒径大于5mm的骨料。

砂：指粒径小于或等于5mm的骨料。

骨料：指经加工分级后的砾石、碎石和砂。

块石：指长、宽各为厚度的2～3倍，厚度大于20cm的石块。

片石：指长、宽各为厚度的3倍以上，厚度大于15cm的石块。

毛条石：指一般长度大于60cm的长条形四棱方正的石料。

料石：指毛条石经修边打荒加工，外露面方正，各相邻面正交，表面凸凹不超过10mm的石料。

2.6.2.3 重要条款讲解

(1)开采定额中不包括覆盖层的剥离及无效层的

石方开采、运输。此项费用按一般土石方工程定额计算，并按设计工程量比例摊入骨料成品单价。

(2)机械开采、加工、运输各节定额，均以控制产量的主要机械制定，次要机械和辅助机械按施工设计配置计算，凡定额中注明了型号、规格的机械一般不作调整，未注明的机械可按设计配置计算。

(3)定额中已考虑了运输、堆存、加工等损耗和体积变化，使用定额时不再加其他任何系数及损耗率。

(4)砂石料单价计算：

1)根据施工组织设计确定的砂石备料方案和工艺流程，按本章相应定额计算各加工工序单价，然后累计计算成品单价。骨料成品单价自采集、加工、运输一般计算至拌和系统前调节料仓为止。

2)天然砂砾料加工过程中，由于生产或级配平衡需要进行中间工序处理的砂石料，包括级配余料、级配弃料、超径弃料等，应以料场勘探资料和施工组织设计级配平衡计算结果为依据。计算砂石料单价时，弃料处理费用应按处理量与骨料总量的比例摊入骨料成品单价。余弃料单价应为选定处理工序处的砂石料单价。若余弃料需转运至指定弃料地点时，其运输费用应按本章有关定额子目计算，并按比例摊入骨料成品单价。

3)机械挖运松散状态下的砂砾料，采用五－5 至五－10 节定额时，其中人工及挖掘机械乘以 0.85 系数。

2.6.3 本章主要定额子目的使用方法及注意事项

(1)五－1节人工开采砂砾料定额适用于滩地水上开采,如遇水下开采,人工定额乘以1.2系数。含砾率根据地勘资料确定。

(2)五－3节人工溜洗骨料定额,适用于溜洗天然砂石料,如遇溜洗碎石时,人工定额乘以1.2系数。

(3)五－4节颚式破碎机破碎筛分碎石定额中,碎石原料量指的是堆方(松方),使用时应予注意。

(4)五－4节颚式破碎机破碎筛分碎石定额已综合考虑了岩石的硬度,如遇岩石硬度不同时,定额不作调整。

(5)按本章定额计算的砂石料、块石单价,作为材料单价,不计取其他直接费、现场经费、间接费、利润及税金,编制投资估算时,也不乘以扩大系数。

2.6.4 案例

案例1 某开发建设项目水土保持工程拟开采天然砂料,覆盖层平均厚0.10m,砂料平均挖深2m(无水下开挖),料场面积4000m^2,设计需用量7400m^3,弃料量600m^3,就地丢弃。施工方法及工艺流程如下:

(1)覆盖层清除:人工开挖Ⅱ类土,胶轮车运50m;

(2)砂料开采运输:人工开采运输60m;

(3)砂料溜洗:人工溜洗骨料;

(4)成品料运输:人工装手扶拖拉机运1km。

要求根据水总[2003]67号文规定编制天然砂料概算单价。

解:(1)计算覆盖层清除率及弃料摊销率。

覆盖层清除率 = 400 ÷ 7400 = 5.41%

弃料摊销率 = 600 ÷ 7400 = 8.11%

(2)查定额计算各工序单价。

覆盖层清除单价

定额编号:[01106]、[01109]×1.5　　定额单位:$100m^3$ 自然方

施工方法:人工开挖Ⅱ类土,胶轮车运 50m

编号	名称及规格	单位	数量	单价(元)	合价(元)
1	人工费				372.83
	人工	工时	138.6	2.69	372.83
2	材料费				12.71
	零星材料费	%	3	423.53	12.71
3	机械使用费				50.70
	胶轮架子车	台时	56.33	0.9	50.70
合　计					436.24

砂料开采运输单价

定额编号:[05001]、[05007]×1　　定额单位:100m³ 成品堆方

施工方法:人工开采运输 60m

编号	名称及规格	单位	数量	单价(元)	合价(元)
1	人工费				807.81
	人工	工时	300.3	2.69	807.81
2	材料费				8.08
	零星材料费	%	1	807.81	8.08
合　计					815.89

砂料溜洗单价

定额编号:[05010]　　定额单位:100m³ 成品堆方

施工方法:人工溜洗骨料

编号	名称及规格	单位	数量	单价(元)	合价(元)
1	人工费				831.48
	人工	工时	309.1	2.69	831.48
2	材料费				90
	水	m³	150	0.5	75
	其他材料费	%	20	75	15
合　计					921.48

成品料运输单价

定额编号:[05099]、[05100]×5　定额单位:$100m^3$ 成品堆方

施工方法:人工装手扶拖拉机运 1km

编号	名称及规格	单位	数量	单价(元)	合价(元)
1	人工费				376.06
	人工	工时	139.8	2.69	376.06
2	材料费				19.15
	零星材料费	%	2	957.35	19.15
3	机械使用费				581.29
	手扶拖拉机　11kW	台时	52.18	11.14	581.29
合　计					976.50

(3)计算天然砂料单价:

覆盖层清除摊销单价 = 4.36×5.41% = 0.24(元/m^3)

砂料开采运输单价 = 8.16(元/m^3)

砂料溜洗单价 = 9.21(元/m^3)

成品料运输单价 = 9.77(元/m^3)

弃料摊销单价 = (8.16 + 9.21)×8.11% = 1.41(元/m^3)

天然砂料单价 = 0.24 + 8.16 + 9.21 + 9.77 + 1.41 = 28.79(元/m^3)

案例 2　某开发建设项目水土保持工程拟利用石方开挖弃料制碎石,碎石原料运至加工厂 8 元/m^3(成

品堆方)，施工采用400×600颚式破碎机筛分，1m^3装载机装8t自卸汽车运2km至混凝土拌和系统。

要求根据水总[2003]67号文规定编制碎石概算单价。

解：(1)查定额计算各工序单价。

制碎石单价

定额编号：[05015]　　　　定额单位：100m^3成品堆方

施工方法：400×600颚式破碎机筛分

编号	名称及规格	单位	数量	单价(元)	合价(元)
1	人工费				317.96
	人工	工时	118.2	2.69	317.96
2	材料费				1067
	碎石原料	m^3	115	8	920
	水	m^3	100	0.5	50
	其他材料费	%	10	970	97
3	机械使用费				881.03
	颚式破碎机 400×600	台时	6.05	40.25	243.51
	槽式给料机 900×2100	台时	6.05	18.20	110.11
	自定中心振动筛 900×1800	台时	12.09	9.28	112.20
	胶带输送机 $B=650$　$L=30$	台时	6.05	14.40	87.12
	胶带输送机 $B=500$　$L=20$	台时	30.23	10.17	307.44
	其他机械费	%	2.4	860.38	20.65
	合　计				2265.99

成品料运输单价

定额编号:[05039]　　　　定额单位:$100m^3$ 成品堆方

施工方法:$1m^3$ 装载机装 8t 自卸汽车运 2km

编号	名称及规格	单位	数量	单价(元)	合价(元)
1	人工费				20.71
	人工	工时	7.7	2.69	20.71
2	材料费				16.76
	零星材料费	%	2.4	698.53	16.76
3	机械使用费				677.82
	装载机　$1m^3$	台时	1.29	56.55	72.95
	推土机　59kW	台时	0.65	57.65	37.47
	自卸汽车　8t	台时	7.85	72.28	567.40
合　计					715.29

(2)计算碎石单价:

碎石单价=22.66+7.15=29.81(元/m^3)

2.7　基础处理工程

2.7.1　概述

本章定额包括风钻钻灌浆孔、钻机钻岩石灌浆孔、钻机钻(高压喷射)灌浆孔、混凝土灌注桩造孔、地下混凝土连续墙造孔、基础固结灌浆、坝基岩石帷幕灌浆、高压摆喷灌浆、灌注混凝土桩、地下连续墙混凝土浇筑、水泥搅拌桩、振冲碎石桩、抗滑桩、钢筋(轨)笼制作吊装等定额共 14 节、65 个子目,适用于水土保持基础处理工程。

2.7.2 章说明讲解

2.7.2.1 计量单位

(1)风钻钻灌浆孔、钻机钻岩石灌浆孔、钻机钻(高压喷射)灌浆孔、混凝土灌注桩造孔(冲击钻造孔)、基础固结灌浆、坝基岩石帷幕灌浆、高压摆喷灌浆、振冲碎石桩以 100m 为计量单位。

(2)混凝土灌注桩造孔(护壁安设)以 10m 为计量单位。

(3)地下混凝土连续墙造孔以 $100m^2$ 阻水面积为计量单位。

(4)混凝土灌注桩造孔(桩孔土石方开挖)、灌注混凝土桩、地下连续墙混凝土浇筑、水泥搅拌桩、抗滑桩以 $100m^3$ 为计量单位。

(5)钢筋(轨)笼制作吊装以 1t 为计量单位。

2.7.2.2 工程量计算方法

(1)灌浆孔、排水孔、灌注桩造孔等工程量,均按设计钻(造)孔延长米计算。

(2)地下连续墙造孔按单孔进尺计算,公式如下:

$$\text{单孔进尺(m)} = \frac{L\text{(槽长 m)} \times H\text{(平均槽深 m)}}{d\text{(设计厚度 m)}} \times K_1$$

式中：K_1 为接头系数，取 1.08～1.15。

(3)地下连续墙混凝土浇筑工程量计算公式如下：

$$混凝土体积(m^3)=L(连续墙长度\ m)\times H(平均槽深\ m)\times B(设计槽厚\ m)\times K_1\times K_2$$

式中：K_1 为接头系数，取 1.08～1.15；K_2 为扩孔系数，取 1.10～1.20。

2.7.2.3　重要条款讲解

(1)钻机钻岩石地层孔工程定额，均按岩石十六级分类法的Ⅴ～ⅩⅣ级划分。

(2)钻机钻软基地层孔工程定额，地层划分为砂(粘)土、砾石、卵石三类。

(3)冲击钻钻孔工程定额，按地层特征划分为 11 类。

(4)由于混凝土粗骨料的级别不容易辨认，故钻混凝土孔按Ⅹ级岩石对待。

(5)由于抗滑桩比灌注桩的桩径大，故抗滑桩开挖所耗工时比灌注桩少。

(6)本章材料消耗定额中水泥强度等级的选择应符合设计要求，设计未明确的，可按以下标准选择：固结灌浆、帷幕灌浆、高喷灌浆选用 32.5 级普通硅酸盐水泥；灌注混凝土桩、地下连续墙混凝土浇筑、水泥搅拌桩及抗滑桩选用 32.5 级普通硅酸盐水泥。

(7)石子(碎石、卵石)最大粒径不超过 4cm。

(8)砂子粒径以中砂(粒径 0.25～0.5mm)为好，

不得使用面砂(极细砂:粒径 0.05～0.1mm),且含泥量不得超过砂子重量的 5%。

2.7.3 本章主要定额子目的使用方法和注意事项

(1)在有架子的平台上钻孔,平台至地面孔口高差超过 2.0m 时,钻机和人工定额乘以 1.05 系数。

(2)使用柴油机带动钻机时,机械定额乘以 1.05 系数。

(3)本章各节定额包括了简易工作台搭拆和井口护筒埋设、混凝土导向槽、管路安装和拆除、场内材料运输、现场清理等必要的施工工序。

(4)钻灌浆孔定额,已计入了灌浆后钻检查孔的量,使用定额时不再加计。

(5)本章灌浆定额,已计入了灌浆前的压水试验和灌浆后补灌及封孔等项工作。

(6)固结灌浆和帷幕灌浆定额中的中、低压灌浆泵改用高压泵时,定额数量不变。

(7)灌注混凝土桩及地下连续墙混凝土浇筑材料消耗定额中“()”内的数字为混凝土半成品,在计算概算单价时与水泥、石子、砂子和水不能重复计算。

2.7.4 案例

某开发建设项目水土保持工程,基础防渗采用高压旋喷灌浆,粘土地层,要求根据水总[2003]67 号文规定编制高压旋喷灌浆概算单价。

解:该单价由钻孔和灌浆两部分组成,套概算定额

[06009]和[06046],其中定额[06046]需乘以 1.25 系数。

高压旋喷(钻孔)单价

定额编号:[06009] 定额单位:100m

施工方法:地质钻机钻孔,粘土、砂地层

编号	项目名称	单位	数量	单价(元)	合价(元)
一	直接工程费				6670.31
(一)	直接费				6119.55
1	人工费				1348.62
	人工(工程措施)	工时	507	2.66	1348.62
2	材料费				1068.98
	水	m^3	800	0.5	400.00
	粘土	t	18	10	180.00
	合金片	kg	0.5	200	100.00
	合金钻头	个	2	40	80.00
	岩芯管	m	2	25	50.00
	钻杆	m	2.5	40	100.00
	钻杆接头	个	2.4	15	36.00
	其他材料费	%	13	946	122.98
3	机械使用费				3701.95

续表

编号	项目名称	单位	数量	单价(元)	合价(元)
	地质钻机 150 型	台时	60	27.794	1667.64
	泥浆搅拌机	台时	24	20.208	484.99
	泥浆灌浆泵 中低压	台时	60	22.884	1373.04
	其他机械费	%	5	3525.67	176.28
(二)	其他直接费	%	3		183.59
(三)	现场经费	%	6		367.17
二	间接费	%	6		400.22
三	企业利润	%	7		494.94
四	税金	%	3.22		243.61
合 计					7809.08

高压旋喷(灌浆)单价

定额编号:[06046]×1.25　　　　定额单位:100m

施工方法:高喷台车旋喷灌浆,粘土地层

编号	项目名称	单位	数量	单价(元)	合价(元)
一	直接工程费				29817.00
(一)	直接费				27355.05
1	人工费				2443.88
	人工(工程措施)	工时	918.75	2.66	2443.88

续表

编号	项目名称	单位	数量	单价(元)	合价(元)
2	材料费				15130.50
	水	m^3	750	0.5	375.00
	水泥	t	37.5	350	13125.00
	喷射管	m	2.25	30	67.50
	胶管	m	10	20	200.00
	电焊条	kg	6.25	5.8	36.25
	高压胶管	m	10	40	400.00
	锯材	m^3	0.1875	1100	206.25
	其他材料费	%	5	14410	720.50
3	机械使用费				9780.67
	胶轮车	台时	432.5	0.9	389.25
	螺旋输送机 168mm×5m	台时	51.25	3.522	180.50
	单筒慢速卷扬机 5t	台时	51.25	11.588	593.89
	泥浆泵 HB80/10 型	台时	51.25	6.748	345.84
	高压水泵 75kW	台时	51.25	57.178	2930.37
	搅灌机 WJG－80	台时	51.25	26.392	1352.59
	旋定摆提升装置	台时	51.25	21.202	1086.60

续表

编号	项目名称	单位	数量	单价(元)	合价(元)
	高喷台车	台时	51.25	22.668	1161.74
	电动移动式空压机 $6.0m^3/min$	台时	51.25	26.058	1335.47
	交流电焊机 25kVA	台时	15	7.97	119.55
	其他机械费	%	3	9495.8	284.87
(二)	其他直接费	%	3		820.65
(三)	现场经费	%	6		1641.30
二	间接费	%	6		1789.02
三	企业利润	%	7		2212.42
四	税金	%	3.22		1088.95
合　计					34907.39

高压旋喷灌浆概算单价 = 78.09 + 349.07 = 427.16(元/m)。

2.8　机械固沙工程

2.8.1　概述

(1)关于章名。机械固沙是防风固沙的一种，主要是指沙障固沙。考虑到防风固沙包括沙障固沙、造林固沙、种草固沙、平整沙丘造地和化学固沙等多种措施，因此本章定名为机械固沙。

(2)定额子目设置。本章包括土石沙障和植物秸秆沙障两部分。具体划分为土石压盖、防沙土墙、柴草沙障、树枝条沙障等定额共12节、38个子目。

2.8.2 章说明讲解

2.8.2.1 计量单位

七－1至七－4节压盖定额计量单位按平方米计量，七－5节防沙土墙按压实方计量，其他定额按延长米计量。

2.8.2.2 章说明

(1)压盖定额压实厚度均为压实后的成品厚度，使用时不再换算。

(2)各节定额除已规定的工作内容外还包括场内运输及操作损耗在内。

2.8.3 本章定额适用范围及注意事项

(1)七－1至七－4节定额适用于全面平铺式沙障，如遇到带状沙障，应折算为全面平铺式沙障面积。如果覆盖物厚度与定额列示不一致，可内插计算。

(2)七－5节防沙土墙定额，适用于墙高0.5～1.0m的带状高立式沙障。该定额是按土墙体积计量的，使用时应根据设计提出的墙体工程量计算。

(3)七－6节粘土埂定额，适用于埂底宽0.6～0.8m的带状低立式沙障。一般布设在沙丘迎风面自下向上约2/3的位置。用粘土堆成土埂，高0.2～0.25m，埂底宽0.6～0.8m，埂顶呈弧形。土埂间距

2～4m。

(4)七－7 高立式柴草沙障是在设计好的沙障条带位置上,人工挖沟 0.2～0.3m,将柴草均匀直立埋入,并扶正。本节定额适用于带状沙障。

(5)七－8 节低立式柴草沙障是将柴草按设计长度切好,顺设计沙障条带线均匀放置,柴草的方向与带线正交。用脚在柴草中部用力踩压,柴草进入沙内 0.15～0.20m,两端翘起 0.2～0.3m,用手扶正,基部培沙。本节定额适用于带状和草方格沙障。注意,在计算草方格工程量时,应将沙障折算为延米,而不能使用面积单位。

(6)七－9 至七－12 节定额适用于带状沙障,当高度不同时,可内插计算。

2.8.4 案例

某开发建设项目拟在公路两侧布设沙障固沙,设计采用 1.35m 高的柳笆栅栏,要求根据水总[2003]67 号文规定编制防沙栅栏概算单价。

解:套概算定额[07033]、[07034]内插计算。

防沙栅栏单价

定额编号:[07033]×0.5、[07034]×0.5　　定额单位:100m

编号	项目名称	单位	数量	单价(元)	合价(元)
一	直接工程费				1209.22
(一)	直接费				1140.78

续表

编号	项目名称	单位	数量	单价(元)	合价(元)
1	人工费				415.01
	人工(工程措施)	工时	158.4	2.62	415.01
2	材料费				725.77
	原木	m^3	0.47	800	376.00
	铅丝	kg	15.9	3.2	50.88
	柳条	kg	1111	0.25	277.75
	其他材料费	%	3	704.63	21.14
(二)	其他直接费	%	3		34.22
(三)	现场经费	%	3		34.22
二	间接费	%	3		36.28
三	企业利润	%	7		87.19
四	税金	%	3.22		42.91
合　计					1375.60

2.9 林草工程

2.9.1 概述

2.9.1.1 关于章名

本章定名为林草工程,可选择的名称有植物措施、植物栽种和绿化工程等。由于林草工程名称范围较广，能同时涵盖开发建设项目和生态建设项目水土保持工程(小流域治理工程)中的植物栽种和绿化工程内容，具有一般性和通用性的特点，因此本章定名为林草工程。

2.9.1.2 定额子目设置

本章定额分工程整地及植物栽种两部分。八－1至八－8节为工程整地定额，包括带状整地、穴状整地、块状整地、全面整地共8节、47个子目。八－9至八－28节为种草、种树和部分管护定额，种草包括直播种草、草皮铺种、喷播植草等定额，共3节、19个子目；种树包括苗圃、直播造林、植苗造林、分殖造林、栽种果树经济林、飞播造林草、栽植带土球灌木、栽植带土球乔木、栽植绿篱、栽植攀缘植物、花卉栽植等定额，共11节、69个子目；部分管护定额包括幼林抚育、成林抚育、人工换土、假植、树木支撑、树干绑扎草绳等定额，共6节、54个子目。

本章合计28节、189个子目。

2.9.1.3 定额适用范围

本章定额主要适用于单独列项(指不计入枢纽或主体建筑物投资)的开发建设项目和生态建设项目水土保持工程(小流域综合治理工程)中的植物栽种工程和绿化工程。

开发建设项目中随主体工程设计列量的项目，如土坝坝坡、大堤堤坡、铁路和公路边坡草皮铺种，堤顶植树,防浪林,建筑物周边绿化等植物栽种可参照本定额编制单价。

生态建设项目水土保持工程,均应采用本定额编制单价。

2.9.2 章说明讲解

2.9.2.1 计量单位

(1)工程整地。整地各节定额计量单位分两种类型,以带状或块状方式整地的按100个计量,如八－1至八－6节定额;以全面整地方式整地的按$1hm^2$(公顷)计量,如八－7、八－8节定额。

(2)植物栽种。种草、种树各节计量单位主要分三种类型,以直播方式播种树籽、草籽的按$1hm^2$(公顷)计量;以铺草皮、机械喷播方式种草的按$100m^2$计量;以植苗(含分殖、假植)方式种树的按100株计量。其他定额计量单位见各节说明,如飞机播种林草按$100hm^2$,栽植绿篱按100延米,抚育按每公顷等。

2.9.2.2 重要条款讲解

(1)工程整地:

1)八－1至八－6节整地定额是按Ⅰ、Ⅱ类土标准计算的,如为Ⅲ类土,人工乘以系数1.34,Ⅳ类土人工乘以系数1.76。八－7、八－8两节定额已按土类级别划分了,使用时直接套用。

2)定额中标注的整地规格尺寸为水平距离,面积为水平投影面积。如水平阶的阶宽、阶长,水平犁沟的

计量单位 hm^2 等。

3)八－1 至八－3 节定额的地面坡度是按 10°或 5°的级差列示的，如遇到 23°、36°等坡度时，可用插入法计算。

4)八－7 节水平犁沟定额，是按基本间距 3m 制定的，如遇到大于此间距时，应对定额进行调整(注意，定额用量随水平间距的增加而减少，是负数)。水平间距是指上一级水平沟外边缘至下一级水平沟内边缘的水平距离。

5)八－8 节全面整地中分畜力整地和机械整地两小节，其中畜力由于各地价格不一样，只为一个定额制定畜力价格计算方法也没有必要，故将畜力折算为人工工时。另外，各地畜力折算倍数也不一致(但差距不大)，为避免引起混乱，使用该定额计算时也不允许换算调整。

(2)植物栽种：

1)植物栽种土类级别划分及调整系数同整地工程，即定额按Ⅰ、Ⅱ类土标准计算，Ⅲ类土人工乘以系数 1.34，Ⅳ类土人工乘以系数 1.76。但注意对于需要换土的Ⅲ、Ⅳ类植物栽种，挖坑、挖土定额按土类级别进行调整，换土定额不作调整。

2)直播种草和直播种树，一般需要对草籽、树籽进行浸种、春化处理、软化、拌种等处理，这些费用已计入定额，使用时不再加计。对草籽、树种的采集费用，应计入材料的购买单价，本章定额不包括在内。

3)植物管护是水土保持植物措施中一项重要工作，管护包括下述三方面的含义：一是封育治理，指在林区、草原边缘、残林、草地带或有散生树林、草地的山区、丘陵区封禁和补植培育林草治理方式；二是抚育管理，指对幼林和成林进行的林分管理和林下植被的管理；三是指对林地管理、野生动植物和森林防火与病虫鼠害防治等采取的保护措施。

由于管护工作内容较多，有些工作无法用定额量化。其中，封育治理，可在生态建设项目第三部分中独立列项，根据具体采取的措施编制单价，计算投资。抚育管理设立幼林抚育和成林抚育两个定额，幼林抚育的内容包括松土、除草、培垄、定株、修枝、施肥、浇水、喷药等抚育工作；成林抚育的内容包括中耕除草、修枝、施肥、浇水、喷药等抚育工作。在生态建设项目中，可按本章定额八－23节计算1～3年的幼林抚育费用；开发建设项目的幼林抚育已列入现场经费，不再按定额计算；成林抚育一般不列入基本建设项目投资。其他零星管护费已包括在其他临时工程内，不单独计算。

4)定额中草籽、树籽用量由于林草种类、种植地点和用途不同，相差很大，仅用一个固定数量表示无法满足实际需要，为简化定额数量，定额给出一个范围值，供编制单价时参考。如本章八－9节直播种草定额

[08048]中的草籽数量用10～80kg表示等。因此,使用该定额时,草籽数量应根据设计需要量计算,但人工和其他材料费率不能调整。

5)本章八－14节植苗造林中,乔木按地径或胸径,灌木按丛高选择子目,八－16节栽植果树、经济林定额按坑径和坑深选择子目,八－18、八－19节栽植乔、灌木按土球球径选择子目,八－20节栽植绿篱定额按槽宽和槽深选择子目,八－21节栽植攀缘植物定额按树龄选择子目等,主要出于以下几方面考虑:

第一,开发建设项目和生态建设项目对造林的要求不同,开发建设项目除防止水土流失外,主要偏重于建设项目周边环境的绿化、美化,这类植树会栽植苗龄较大的树种,种植面积较小,为保证成活率,往往种带土球树种。生态建设项目造林一般较偏僻,面积较大,往往包括从育苗、移栽到抚育、管护的种植造林全过程。另外,造林过程中由于树种庞杂(如乔木、灌木、藤本植物、果树、针叶树、阔叶树)、大小不一(如针叶树细小、阔叶树粗大)、用途多样(如防护林、护坡林)、栽植方法不同(如种植、分殖造林、容器苗造林、缝植)等特点,反映了造林子目设置的复杂性,定额子目应力求综合、简化,又要涵盖大部分林草工程内容。

第二,由于树种庞杂,用途多样,同一树种在不同地区用途和栽植方法都有区别,在同一地区亦有不同用途。因此,按树苗设置定额子目不易实现:其一,树种多，定额数量太大；其二，不同苗龄或相同苗龄不同地区生长的树种定额量亦不相同；其三，种植方法对同一树种也不一样。

上述特点规定了苗木种植的多样性，实际上苗木种植在定额方面反映是多维变量：树苗大小、树苗间距、种植方法、种植土壤类型、土壤含水量和浇水多少等。

第三，控制定额大小的因素主要为挖树坑和填树坑的工作量，进行树种分类的控制因素主要是树根的大小，通常反映和表示树根大小的共性特征是树苗的树径、树高。由于绿化工程栽种较大的树种，生态工程树苗偏小，表示乔木树种高度较小的（如在 2m 以下），用地径表示其大小（地径指树干在与地面接触处的树干直径）；表示乔木树种高度较大的（如在 2m 以上），地径表示不如胸径表达准确，改用胸径表示其大小（胸径指自地面以上 1.2m 处树干的直径）；灌木按树冠高度表示其大小。地径和胸径在 2～4cm 内为树种的地径至胸径的过渡区，树种的地径和胸径是不相等的，一般地径略大于胸径，有一定的误差不影响单价计算。

综合以上原因，本章定额按树的地径、胸径、球径、树高、坑深、树龄等不同类型，分别制定出不同的定额，以适应各自的需要。

6）植物栽种损耗已包括在定额中。乔木、灌木、果树损耗率为 2%；容器苗损耗率为 3%；草坪损耗率为 4%。植物补植按实际补植量参照种植定额计算。这些损耗量在计算苗木、草、籽费时，应计入单价，但栽植数量不作调整。

7）定额中浇水量是按年降雨量400～600mm地区设置的，如当地年降雨量小于400mm或大于600mm时，用水量应按表2-10所列系数进行调整。

表2-10　年降雨量调整系数

分区	一般地区	年降雨量小于400mm地区	年降雨量大于600mm地区
调整系数	1.00	1.25	0.80

2.9.3　本章定额适用范围及注意事项

2.9.3.1　工程整地

（1）在水平阶整地中，当阶宽介于0.7m至1.0m或1.0m至1.5m之间时，可以用插入法计算单价，但零星材料费率不一定非要内插，可根据具体情况选择其中一个即可。例如，水平阶整地阶宽为0.85m，查阶宽0.7m定额的“零星材料费率”为5%，查阶宽1.0m定额的“零星材料费率”为3%，计算工程单价时，选用5%即可。

（2）当整地规格尺寸与定额列示的适用范围差距较大时，如水平阶整地规定阶长4～5m，反坡梯田整地规定田面宽2～3m、长5～6m，如超出上述范围，宜根据设计提出的实际动土方量，按第一章人工开挖土方定额编制单价。

(3)在水土保持工程设计中，整地数量与植物栽种数量不一定是一致的，一般栽种量要大于整地量，定额中给出的整地个数与植物措施中乔木或灌木栽植株数不是一一对应关系，使用时，切忌生搬硬套，应根据设计工程量计算。

(4)整地定额中的动土方量不包括植物栽种本身需要挖坑的动土方量，这部分人工消耗量已计入植物栽种定额中。

2.9.3.2　植物栽种

(1)现有的一些林业定额和造林指标，栽植乔、灌树木的定额单位多是按面积，如公顷、亩等，这样的表示方法优点是符合习惯、比较方便、容易操作，缺点是精确度不够，适用范围小，不能反映不同地区、不同间距和不同用途树种的工、料、机的差异。实际水土保持方案中，某项造林设计一般要根据某地区水土保持适宜栽种何种树种、用途和当地适宜条件确定树种、苗龄、地径、行间距、每公顷种树量等特征参数。同一种树在不同地区因种植间距和习惯上的种植方法不同，单位面积株数有可能相差很大，不同树种密度千差万别。如油松、侧柏每公顷 3500～5000 株(山西)，而水土保持技术规范为每公顷 2000～4000 株。有些定额中只设置有一个造林子目，即每公顷乔木针叶树植苗定额为 1 个，人工 55 工日，株数为 3300。间距不同时株数有变化，人工量要调整，当苗的大小有变化时，株数虽然不变，但树坑大小有变化，人工量亦要调整。因此，使用定额时，必须经过密度、株数和面积之间的换算，可参考以下公式进行栽植面积和株树之间的换算：

栽植树苗数量(株)＝面积/(株距×行距)

(2)林草各节定额中，除园林草皮铺种、苗圃定额和花卉栽植定额包括整地内容外，其余均不包括整地费用，如需要整地，应按整地方式正确选择定额配套计算。但注意穴状整地，无论是圆形或方形整地，与植树定额配套使用时应不计穴状整地工序，即植树定额中挖树坑不应和穴状整地挖坑重复计费。

鱼鳞坑整地和水平沟整地与植树定额配套使用时应计整地工序，即植树定额中挖坑工序与鱼鳞坑整地和水平沟整地内容不矛盾。定额设置时考虑了以下原因：①需要整地的工程整地时间一般提前在栽植前1～2个季节进行，以达到提高造林地整地效果、蓄水保墒的重要目的，所以一般整地和栽植工序是分开的；②这两种整地由于是以蓄水保墒整地为目的，工作量比穴状整地或植树挖树坑的工作量大得多；③这两种整地定额是按规范进行定额子目设置的，定额子目少而固定，植树定额范围较广，为综合和简化，定额子目设置应减少交叉配套。

(3)八－10 节铺草皮定额包括园林草皮和护坡草皮，由于园林铺草皮、园林栽草、园林播草籽适用于园林绿化式种草，定额中已包括整地工序，栽种工序质量要求高、草皮种类差别大，因此单价也较高。护坡草皮、护坡栽草不包括整地工序，但包括钉木橛子的工序，主要适用于防风固沙、工程边坡防护等类型的种草，因此单价较低，使用时需要注意。

铺草皮分散铺和满铺，散铺指草皮块格铺或砌砖式铺，用量按满铺的1/3考虑，但在计算购买草皮单价时，应按实际面积计算。如散铺 $100m^2$ 草皮，需要 $37m^2$ 的草皮，该面积是实铺草皮的面积，计算时不要混淆。

(4)八－9节直播种草定额分条播、穴播和撒播。条播可以有多种开沟方式，如机械开沟、畜力开沟和人力开沟。本节定额适用于人力或畜力开沟。另外，本定额已综合考虑了地形坡度变化引起的工效变化，使用时不再调整。穴播适用于地面较破碎，坡度较陡，以及坝坡、堤坡、田坎等部位，采用人工沿等高线开穴，行距、穴距大致相等，成“品”字形排列。撒播按覆土和不覆土两个子目设置。不覆土定额采用人工直接撒播，不考虑覆土、镇压工序。覆土定额按人工撒播后，再用耙、耱或用石磙子碾等方法覆土镇压，使用时应注意。

(5)八－14节植苗造林适用于生态建设水保林、开发建设项目林草措施及绿化工程。绿化工程的裸根栽植即为植苗造林子目中的胸径较大的植苗定额，和栽植带土球灌木、栽植带土球乔木、栽植绿篱、栽植攀缘植物、花卉栽植等定额构成反映绿化工程特点的定额内容。

栽种果树、经济林定额适用于需挖大果树坑的树种，栽植技术要求高。施肥定额无论是化肥还是农家肥料都按一种化肥确定施肥费用。一般果树、经济林不需要挖大果树坑的树种按树径参考植苗造林定额，但要注意施肥定额按人工比例减少。

(6)八－11节喷播植草定额分路堤土质边坡和路堑土质边坡两个子目，适宜在不具备土壤种植条件土层的开挖和填筑边坡上人工创造植被条件、喷播草籽形成护坡草皮。

(7)八－17节飞机播种定额主要适用于大面积播种，一般飞播面积大于500hm^2以上。飞播定额中飞行费用是租赁费用，按平均飞行成本制定，包括飞机使用费、飞行员人工费、燃油费和各种利税。工作内容包括地面查勘、种子调运、种子处理、地面导航、飞播、清理现场等。根据调研资料，种子费占飞播成本的60%～80%，是主要成本构成部分。因此，不同机型即使飞行成本有所不同，但对单价不会影响太大，故在使用本定额时，一般不作调整。

另外，飞行费价格水平为2002年，并用金额表示，一般不作调整。只有当价格变化较大时，由主管部门发布调整系数进行调整。

(8)采用本章定额编制林草栽植单价时，由于《水土保持概(估)算编制规定》中规定苗木草、籽不计入工程单价,但概算定额中规定其他材料费是以主要材料费之和为基数计算的,因此计算栽植单价时应将苗木草、籽费作为计算其他材料费的基数。

2.9.4 案例

2.9.4.1 整地案例

某生态建设项目水土保持工程,需栽种油松10万株,拟采用长径0.75m、短径0.45m、坑深0.5m的鱼鳞坑整地,要求根据水总[2003]67号文规定编制鱼鳞坑整地概算单价。

解:套概算定额[08023]编制鱼鳞坑整地概算单价。

鱼鳞坑整地单价

定额编号:[08023]　　　　定额单位:100个

施工方法:

编号	项目名称	单位	数量	单价(元)	合价(元)
一	直接费				46.73
(一)	基本直接费				46.04
1	人工费				42.24
	人工	工时	35.2	1.2	42.24
2	材料费				3.80
	零星材料费	%	9	42.24	3.80
(二)	其他直接费	%	1.5		0.69
二	间接费	%	5		2.34
三	企业利润	%	3		1.47
四	税金	%	3.22		1.63
合　计					52.17

2.9.4.2　林草案例

案例 1　某开发建设项目需要编制水土保持方案报告书投资概算，其中，植物措施要求铺设草方格 10000m²，从苗圃采购草皮运至现场单价为 3 元/m²，要求根据水总[2003]67 号文规定编制铺设草方格概算单价。

解：根据题意，铺设草方格应按散铺草皮计算，套概算定额[08062]计算。

草皮铺种单价（散铺）

定额编号：[08062]　　　　定额单位：100m²

施工方法：

编号	项目名称	单位	数量	单价(元)	合价(元)
一	直接工程费				92.15
(一)	直接费				86.93
1	人工费				69.13
	人工	工时	31	2.23	69.13
2	材料费				17.80
	水	m^3	2	0.5	1.00
	草皮	m^2	37	3	
	其他材料费	%	15		16.80
(二)	其他直接费	%	2		1.74
(三)	现场经费	%	4		3.48

续表

编号	项目名称	单位	数量	单价(元)	合价(元)
二	间接费	%	3		2.76
三	企业利润	%	5		4.75
四	税金	%	3.22		3.21
	合　计				102.87

案例2　某开发建设项目,拟栽植水土保持林,已知乔木地径为1.2cm,该地区年降雨量550mm,要求根据水总[2003]67号文规定编制乔木栽植概算单价。

解:根据题意,该乔木地径介于[08084]和[08085]之间,需插值计算,年降雨量在400~600mm之间,用水量不作调整。

栽植乔木单价(地径1.2cm)

定额编号:[08084]×0.8、[08085]×0.2　　定额单位:100株

施工方法:

编号	项目名称	单位	数量	单价(元)	合价(元)
一	直接工程费				40.66
(一)	直接费				38.36
1	人工费				31.67
	人工	工时	14.2	2.23	31.67

续表

编号	项目名称	单位	数量	单价(元)	合价(元)
2	材料费				6.69
	水	m^3	1.1	0.5	0.55
	乔木	株	102	1.5	
	其他材料费	%	4		6.14
(二)	其他直接费	%	2		0.77
(三)	现场经费	%	4		1.53
二	间接费	%	3		1.22
三	企业利润	%	5		2.09
四	税金	%	3.22		1.42
合　计					45.39

案例 3　某开发建设项目拟栽植水土保持林，已知灌木丛高为 80cm，要求根据水总[2003]67 号文规定编制灌木栽植概算单价。

解：根据题意，该灌木丛高介于[08092]和[08093]之间，需插值计算。

栽植灌木单价(丛高 80cm)

定额编号:[08092]×0.5、[08093]×0.5　　　定额单位:100 株

施工方法:

编号	项目名称	单位	数量	单价(元)	合价(元)
一	直接工程费				38.38
(一)	直接费				36.21
1	人工费				34.57
	人工	工时	15.5	2.23	34.57
2	材料费				1.64
	水	m^3	1.1	0.5	0.55
	灌木	株	102	0.35	
	其他材料费	%	3		1.09
(二)	其他直接费	%	2		0.72
(三)	现场经费	%	4		1.45
二	间接费	%	3		1.15
三	企业利润	%	5		1.98
四	税金	%	3.22		1.34
合　计					42.85

案例 4　某开发建设项目拟栽植果树,要求开挖坑径 1m×1m 的果树坑,请根据水总[2003]67 号文规定编制果树栽植概算单价。

解:根据题意,直接套概算定额[08106]计算。

果树栽种单价(坑径 100cm×100cm)

定额编号:[08106]　　　　定额单位:100 株

施工方法:

编号	项目名称	单位	数量	单价(元)	合价(元)
一	直接工程费				884.71
(一)	直接费				834.63
1	人工费				749.28
	人工	工时	336	2.23	749.28
2	材料费				85.35
	水	m^3	4	0.5	2.00
	化肥	kg	40	1.8	72.00
	果木苗	株	102	1.5	
	其他材料费	%	5		11.35
(二)	其他直接费	%	2		16.69
(三)	现场经费	%	4		33.39
二	间接费	%	3		26.54
三	企业利润	%	7		63.79
四	税金	%	3.22		31.40
合　计					1006.44

案例 5 某生态建设项目水土保持工程，拟采用国产运－5 型飞机播种造林，造林面积 3000hm²，要求根据水总[2003]67 号文规定编制飞播造林概算投资。

解：该项目为生态建设水土保持工程，应采用生态建设项目人工工资及取费标准编制。查概算定额[08107]计算概算单价。

飞播种树

定额编号：[08107]　　　　定额单位：100hm²

施工方法：地面查勘、种子调运、种子处理、地面导航、飞播、清理现场

编号	项目名称	单位	数量	单价(元)	合价(元)
一	直接费				5119.66
(一)	基本直接费				5044.00
1	人工费				144.00
	人工(植物措施)	工时	120	1.2	144.00
2	材料费				1500.00
	树籽	kg	1500	10	
	其他材料费	%	10	15000	1500.00
3	机械使用费				3400.00
	飞机	元	1	3400	3400.00
(二)	其他直接费	%	1.5		75.66
二	间接费	%	5		255.98
三	企业利润	%	3		161.27
四	税金	%	3.22		178.29
合　计					5715.20

飞播造林概算投资 = $3000hm^2 \times 57.15$ 元/hm^2 = 171450 元

案例 6 某生态建设水土保持治理方案，需要种植草皮、灌木和树木等，种植面积达 70 万 m^2。要求参照水总[2003]67 号文规定编制幼林抚育概算投资。

解：根据规定，采用概算定额[08136]、[08137]、[08138]编制第 1、2、3 年的幼林抚育费。成林抚育费不能列入基建投资，由水库管理单位在水库维修养护经费中开支。

幼林抚育单价

定额编号：[08136]、[08137]、[08138]　　定额单位：每公顷

施工方法：第 1 年抚育 2 次，第 2、3 年各抚育 1 次

编号	项目名称	单位	数量	单价(元)	合价(元)
一	直接费				562.25
(一)	基本直接费				553.94
1	人工费				412.80
	人工	工时	344	1.2	412.80
2	材料费				141.14
	零星材料费	%	34.19		141.14
(二)	其他直接费	%	1.5		8.31
二	间接费	%	5		28.11
三	企业利润	%	2		11.81
四	税金	%	3.22		19.39
合　计					621.56

幼林抚育概算投资 $= 700000m^2 \div 10000 \times 621.56$ 元/hm^2 = 43509.2 元

2.10 梯田工程

2.10.1 概述

2.10.1.1 定额子目设置

本章定额包括人工修筑水平梯田、隔坡梯田、坡式梯田,推土机修筑水平梯田等定额共 12 节、417 个子目,适用于新建的各种类型梯田,如农用梯田、果园梯田和林地梯田等。

2.10.1.2 定额类型

按施工方法不同,可分为人力施工和机械施工梯田;按梯田梯坎建筑材料不同,可分为土坎梯田、石坎梯田和植物坎梯田;按梯田断面形式不同,可分为水平梯田、隔坡梯田和坡式梯田。

2.10.2 章说明讲解

2.10.2.1 计量单位

本章定额以公顷(hm^2)为单位。

2.10.2.2 工程量计算

(1)梯田面积按水平投影面积计算,其中应包括田面、田坎、蓄水埂、边沟及田间作业道路所占面积。隔坡梯田的面积不应计入隔坡坡地面积。

(2)计算梯田工程量时,原则上应按定额规定的单位计量。但如果设计的梯田土石方量与定额工、机耗量相差较大时，可根据梯田设计土石方量，套第一章、第三章定额计算投资。中国南北方梯田设计土石方量相差较大，表 2-11 是不同地区、不同地面坡度水平梯田规格及土石方量参考表，供设计时选用。

表 2-11　水平梯田断面尺寸参考数值

适应地区	地面坡度(°)	田面净宽(m)	田坎高度(m)	田坎坡度(°)	土方量(m^3/hm^2)
北方	1～5	30～40	1.1～2.3	85～70	1375～2875
	5～10	20～30	1.5～4.3	75～55	1875～5375
	10～15	15～20	2.6～4.4	70～50	3250～5500
	15～20	10～15	2.7～4.5	70～50	3375～5625
	20～25	8～10	2.9～4.7	70～50	3625～5875
南方	1～5	10～15	0.5～1.2	90～85	625～1500
	5～10	8～10	0.7～1.8	90～80	875～2250
	10～15	7～8	1.2～2.2	85～75	1500～2750
	15～20	6～7	1.6～2.6	75～70	2000～3250
	20～25	5～6	1.8～2.8	70～65	2250～3500

注：本表中的田面宽度与田坎坡度适用于土层较厚的地区和土质田坎，对土层较薄地区，其田面宽度应根据土层厚度适当减小；对石质田坎的坡度，将结合石坎梯田的施工另作规定。

(3)隔坡梯田工程量计算，应首先将隔坡梯田的水平田面部分按其在隔坡梯田中所占的比例折算为水平梯田，隔坡梯田折算为水平梯田时的折算系数见表 2-12。

表 2-12　隔坡梯田折算为水平梯田时的折算系数

坡平比	1	2	3	4	5	6	7	8
折算系数	0.50	0.33	0.25	0.20	0.17	0.14	0.13	0.11

(4)坡式梯田中土坎采用梯形断面：顶宽 0.3～0.4m，高 0.5～0.6m，外坡 1:0.5，内坡 1:1。草坎和灌木坎亦采用梯形断面：顶宽 2～3m，高 0.5m，内外坡均为 1:1。

2.10.2.3　重要条款讲解

(1)本章定额土类分级按土、石十六级分类的Ⅰ～Ⅳ级划分。

(2)坡面排水系统指在梯田上修建的截水沟、引洪渠、跌水、水窖、蓄水池等水工建筑物，其定额中不包括上述内容。

(3)梯田如需换土，其土方单价应根据运输方式和运距按第一章相应定额计算。

(4)本章石坎梯田中的石坎均按干砌石(含卵石)石坎计算，如采用浆砌石或其他石坎，则不适用。

(5)九－2、九－5、九－11 节定额拣集石料指就近拣明石、挖暗石，边拣、边砌，定额中已综合考虑了石料的拣集及搬运用工。

(6)九－3、九－6、九－12 节定额石坎梯田的购买石料指的是，在梯田附近无可拣集的石料，需要从外地采购运至现场，定额中的石料要计算费用。

(7)土石混合坎梯田指的是梯坎材料既有土又有石，由于土石比例无法固定，只能按设计所选用的土石比例选用本章相应的定额计算。

(8)水平及隔坡梯田定额是按田面宽度划分步距的，其田面宽度指的是上下两块梯田梯坎外坡脚之间的水平距离，包括梯田的耕作宽度、地边埂与梯坎占地宽度(不包括隔坡原坡地宽度)。坡式梯田是按田埂间距划分步距的，其田埂间距指的是上一梯田田埂外边缘至下一梯田田埂内边缘之间的水平距离。

2.10.3 本章主要定额子目的使用方法和注意事项

(1)计算梯田单价时，如遇田面宽度、田埂间距介于两定额子目之间时，可以内插计算。

(2)机修梯田的地面坡度以不超过 10°为宜，其地块宽度要满足机械转弯的半径要求，一般不小于20m。

(3)机修梯田定额是按 74kW 推土机施工拟定的，作为固定机械，原则上不予调整。

(4)九－7～九－9 节、九－11 节(1)、九－12 节(1)定额，田面增宽定额是负数，使用时需注意。

2.10.4 案例

案例 1　某生态建设水土保持工程，需修建农用水平梯田 0.3 万亩，已知地面平均坡度为 9°，田面宽度 16m，Ⅲ类土，采用人工修筑。经现场勘察，当地无可利用块石作为修筑石坎梯田的材料，需从外地采购。要求根据水总[2003]67 号文规定编制水平梯田概算单价及投资。

解:(1)根据题意选用人工修筑石坎梯田(购买石料)定额,田面宽度16m介于[09105]和[09106]子目之间,用插入法计算。

石坎水平梯田单价

定额编号:[09105b]　　　　定额单位:$1hm^2$

施工方法:人工修筑石坎水平梯田,土类级别Ⅲ,田面宽度16m

编号	项目名称	单位	数量	单价(元)	合价(元)
一	直接费				34157.40
(一)	基本直接费				33652.61
1	人工费				11345.51
	人工(工程措施)	工时	7563.67	1.5	11345.51
2	材料费				22089.60
	块石	m^3	472	45	21240.00
	其他材料费	%	4		849.60
3	机械使用费				217.50
	胶轮车	台时	241.67	0.9	217.50
(二)	其他直接费	%	1.5		504.79
二	间接费	%	5		1707.87
三	企业利润	%	3		1075.96
四	税金	%	3.22		1189.51
合　计					38130.74

(2)计算概算投资:

3000亩÷15亩/hm^2×38130.74元/hm^2=762.61万元

案例 2　某生态建设水土保持工程，需修建土坎水平梯田。已知地面平均坡度 5°，田面宽 38m，Ⅰ～Ⅱ类土，采用机械修筑。要求根据水总[2003]67 号文规定编制土坎水平梯田概算单价。

解：根据题意套概算定额[09350]、[09351]计算土坎水平梯田概算单价。

土坎水平梯田单价

定额编号：[09350]、[09351]×1.6　　　　定额单位：1hm²

施工方法：74kW 推土机修筑，土类级别Ⅰ～Ⅱ，田面宽度 38m

编号	项目名称	单位	数量	单价(元)	合价(元)
一	直接费				5019.68
(一)	基本直接费				4945.50
1	人工费				1375.20
	人工(工程措施)	工时	916.8	1.5	1375.20
2	材料费				235.50
	零星材料费	%	5		235.50
3	机械使用费				3334.80
	推土机　74kW	台时	40	83.37	3334.80
(二)	其他直接费	%	1.5		74.18
二	间接费	%	5		250.98
三	企业利润	%	3		158.12
四	税金	%	3.22		174.81
合　计					5603.59

2.11 谷坊、水窖、蓄水池工程

2.11.1 概述

本章定额包括谷坊、水窖、集雨面、沉沙池、涝池、蓄水池等定额共25节、112个子目。

2.11.2 章说明讲解

2.11.2.1 计量单位

本章定额谷坊以顶长10m为计量单位，水窖以眼为计量单位，沉沙池、涝池及蓄水池以座为计量单位。

2.11.2.2 重要条款讲解

(1)土石谷坊工程量按延米计量，不按断面面积计量。定额中已综合计入了土方开挖、土方填筑及砌石等工程项目。

(2)水窖、沉沙池、涝池及蓄水池，均已综合计入了土方、石方、混凝土、钢筋制安及细部结构等工程项目，但不包括为集雨而修建的集雨面(坪)，需要时应根据十－15节定额另行计算。

(3)水窖(池)的类型及容积应根据设计确定，当设计不能确定时，可参照当地的土质、经济水平、投入能力和水窖的用途选择，详见表2-13。

(4)水窖、涝池及蓄水池是按建筑物容积划分的，当实际容积介于两个子目之间时，可采用内插法进行调整。如实际规格尺寸超出定额范围值，一般不能向内或向外延伸计算，应按设计工程量分项计算。

（5）沉沙池专用于水窖或蓄水池前的沉沙之用，其形状为矩形或梯形，宽1～2m、长2～3m、深1.0m。如设计与定额差距较大时，不能套用。沉沙池规格详见表2-14。

表2-13 不同土质适宜建窖（池）类型

序号	土质类型	适宜建窖（池）类型	建窖（池）容积（m^3）
1	土质条件好，质地密实的红土、黄土区（Ⅲ类土）	传统土窖	30～50
2		改进型水泥薄壁窖	40～50
3		窑窖	60～80
4	土质条件一般的壤土区（Ⅰ～Ⅱ类土）	混凝土盖碗窖	50～60
5		钢筋混凝土窖	50～60
6	土壤质地松散的砂质土区	开敞式圆形蓄水池	40～70
7		开敞式矩形蓄水池	50～100
8		封闭式圆形蓄水池	25～45
9		封闭式矩形蓄水池	80～200

表2-14 各种形状沉沙池尺寸统计

沉沙池类型	底长（m）	底宽（m）	池深（m）	坡比	斜高（m）	口长（m）	口宽（m）	容积（m^3）
矩形池	3.0	1.5	1.0	垂直		3.0	1.5	4.50
梯形池	2.0	1.0	1.0	1:1	1.41	4.0	3.0	6.30

2.11.3 本章主要定额子目的使用方法和注意事项

(1)本章材料消耗定额中“()”内的数字为砂浆及混凝土半成品用量,在计算单价时与水泥、石子、砂子、水和抗渗剂不能同时计价。

(2)定额中砂浆及混凝土强度等级根据设计确定,如设计无法确定时,可按砌筑砂浆强度等级 M7.5、抹面砂浆强度等级 M10、混凝土强度等级 C20 计算。

(3)本章材料消耗定额中的水泥用量是按新水泥强度等级 32.5 级制定的,如采用高一等级水泥时,应对其用量进行换算调整。采用 42.5 级,定额用量乘以 0.86;采用 52.5 级,定额用量乘以 0.76。

(4)定额中石子(碎石、卵石)按最大粒径不超过 5cm,砂子粒径为中砂(粒径 0.25～0.5mm),当实际砂、石规格品种不同时,定额用量不作调整。

(5)当设计选用的谷坊高度、谷坊顶宽与定额不一致时,可采用下表计算谷坊断面面积,然后根据断面面积插值计算。谷坊坝体断面尺寸详见表 2-15、表2-16、表 2-17。

2.11.4 案例

案例 1 某生态建设水土保持工程,拟修建土谷坊,已知土谷坊高 1.5m,顶宽 1.0m,设计断面面积为 3.0m^2,要求根据水总[2003]67 号文规定计算土谷坊概算单价。

解:已知土谷坊设计断面面积为 3.0m^2,介于定额子目[10001]和[10002]之间(见表2-15,断面面积分别为$2m^2$和$7.4m^2$),需用插入法对定额进行调整。

人工工时 = 130.5 + (445.8 − 130.5) ÷ (7.4 − 2) × (3 − 2) = 188.89(工时/10m)

胶轮架子车 = 12.44 + (46.04 − 12.44) ÷ (7.4 − 2) × (3 − 2) = 18.66(台时/10m)

表2-15　土谷坊坝体断面尺寸一览表

坝高(m)	顶宽(m)	迎水坡比	背水坡比	底宽(m)	坝长(m)	底面面积(m^2)	断面面积(m^2)	填土(m^3)	取土(m^3)
1	1.0	1:1.0	1:1.0	3.0	10	30	2.00	20.0	24.4
2	1.5	1:1.2	1:1.0	5.9	10	59	7.40	74.0	90.3
3	1.5	1:1.3	1:1.2	9.0	10	90	15.75	157.5	192.2
4	2.0	1:1.5	1:1.3	13.2	10	132	30.40	304.0	370.9

注:1.坝顶作为交通道路时,按交通要求确定坝顶宽度。

2.在谷坊能迅速淤满的地方,迎水坡比可采取与背水坡比一致。

表2-16　干砌石谷坊坝体断面尺寸一览表

坝高(m)	顶宽(m)	迎水坡比	背水坡比	底宽(m)	坝长(m)	底面面积(m^2)	断面面积(m^2)	砌石(m^3)	备石(m^3)
1	1.0	1:0.2	1:0.8	2.0	10	20	1.5	15.0	17.4
2	1.0	1:0.2	1:0.8	3.0	10	30	4.0	40.0	46.4
3	1.0	1:0.2	1:0.8	4.0	10	40	7.5	75.0	87.0
4	1.3	1:0.2	1:0.8	5.3	10	53	13.2	132.0	153.1

注:干砌阶梯式石谷坊一般不蓄水,坝后2~3年淤满。

表 2-17　浆砌石谷坊坝体断面尺寸一览表

坝高(m)	顶宽(m)	迎水坡比	背水坡比	底宽(m)	基宽(m)	清基面积(m^2)	断面面积(m^2)	砌石(m^3)	备石(m^3)
2	1.0	1:0.1	1:0.5	2.2	2.8	28	4.04	40.4	43.63
3	1.5	1:0.1	1:0.5	3.3	3.9	39	8.37	83.7	90.40
4	2.0	1:0.1	1:0.5	4.4	5.2	52	14.88	148.8	160.7
5	3.0	1:0.1	1:0.5	6.0	6.8	68	25.22	252.2	272.4

注:浆砌石谷坊为重力式石谷坊,在巩固沟床的同时,还可蓄水利用。

土谷坊单价(断面 3.0m^2)

定额编号:[10001b]　　　　定额单位:10m

施工方法:

编号	项目名称	单位	数量	单价(元)	合价(元)
一	直接费				313.77
(一)	基本直接费				309.13
1	人工费				283.34
	人工	工时	188.89	1.5	283.34
2	材料费				9.00
	零星材料费	%	3		9.00
3	机械使用费				16.79
	胶轮车	台时	18.66	0.9	16.79
(二)	其他直接费	%	1.5		4.64
二	间接费	%	5		15.69
三	企业利润	%	3		9.88
四	税金	%	3.22		10.93
	合　计				350.27

案例 2　某生态建设水土保持工程，拟修建水泥砂浆薄壁型水窖 1200 座，水窖设计容积 35m³，底部采用胶泥，窖壁采用水泥砂浆防渗，要求根据水总[2003]67 号文规定计算水窖概算单价。

解：已知水窖设计容积为 35m³，介于定额子目[10019]和[10020]之间，需用插入法计算。

水泥砂浆水窖单价(35m³)

定额编号：[10019]×0.5 、[10020]×0.5　　　　定额单位：1 眼

施工方法：

编号	项目名称	单位	数量	单价(元)	合价(元)
一	直接费				897.57
(一)	基本直接费				884.31
1	人工费				709.43
	人工	工时	472.95	1.5	709.43
2	材料费				174.88
	水	m³	2.25	0.5	1.13
	砂	m³	1.95	55	107.25
	石子	m³	0.205	35	7.18
	水泥 32.5	t	0.6	0.32	0.19
	胶泥	m³	2.25	16	36.00
	抗渗剂	kg	18.5	0.8	14.80
	其他材料费	%	5		8.33
(二)	其他直接费	%	1.5		13.26

续表

编号	项目名称	单位	数量	单价(元)	合价(元)
二	间接费	%	5		44.88
三	企业利润	%	3		28.27
四	税金	%	3.22		31.26
合　计					1001.98

2.12　施工机械台时费定额

2.12.1　概述

本定额包括土石方机械、混凝土机械、运输机械、起重机械、砂石料加工机械、钻孔灌浆机械、动力机械及其他机械，共计八类机械、587个子目。子目设置如表2-18。

表2-18　施工机械台时费定额子目设置

序号	机械类别	定额子目编号	定额子目数
1	土石方机械	1001～1126	126
2	混凝土机械	2001～2066	66
3	运输机械	3001～3133	133
4	起重机械	4001～4101	101
5	砂石料加工机械	5001～5049	49
6	钻孔灌浆机械	6001～6039	39
7	动力机械	7001～7039	39
8	其他机械	8001～8034	34
合　计			587

2.12.2 施工机械台时费定额内容组成

2.12.2.1 台时费定额费用组成

一类费用:分为折旧费、修理及替换设备费(含大修理费、经常性修理费)和安装拆卸费。

二类费用:分为人工、动力、燃料及消耗材料。

2.12.2.2 各类费用的定义及其内容

(1) 折旧费:指机械在经济寿命期内回收原值的台时折旧摊销费用。

(2)修理及替换设备费:指机械在使用过程中,为了使机械保持正常功能而进行修理所需费用、日常保养所需的润滑油料费、擦拭用品费、机械保管费,以及替换设备、随机使用的工具附件等所需的台时摊销费用。

(3)安装拆卸费:指机械进出工地的安装、拆卸、试运转和场内转移及辅助设施的摊销费用。

不需要安装拆卸的施工机械,台时费中不计列此项费用。例如,轮式装载机、自卸汽车、混凝土罐、汽车起重机等。

带※号的大型施工机械,其安装拆卸费在“其他临时工程”中解决,例如索铲、混凝土搅拌站等。

(4)人工:指机械使用时机上操作人员的工时数量。包括机械运转时间、辅助时间、用餐、交接班以及必要的机械正常中断时间。开发建设项目和生态建设项目台时费中的人工费均按工程措施人工预算单价计算。

(5)动力、燃料或消耗材料:指正常运转所需的风、水、电、油及煤等消耗量。

2.12.3 施工机械台时费定额编制方法简介

(1)参照水利部颁发的《水利工程施工机械台时费定额》,结合水土保持工程特点编制。

(2)补充机械。根据机械设备预算价格,机械性能,生产率,功率,油、电、气消耗材料用量等资料,按照机械经济寿命台时及维修情况,计算各种机械的折旧费、修理及替换设备费、安装拆卸费,以及操作人员配置、动力、燃料消耗量等编制。如液压喷播植草机、单级离心清水泵等。

2.12.4 施工机械台时费计算方法

(1)根据施工机械型号、性能等参数,查阅概算定额附录一可得第一类费用。

(2)根据定额中的人工工时、燃料、动力消耗量及各工程的人工工资单价、材料预算价格,计算出第二类费用。

(3)第一类费用与第二类费用之和,即为施工机械台时费定额。

2.12.5 施工机械台时费的主要作用

(1)施工机械台时费定额是计算工程投资的主要依据。

(2)主要用于配合水土保持工程概算定额,编制工程概算、投资估算。

2.12.6 案例

某开发建设项目水土保持工程人工预算单价中，工程措施2.66元/工时、植物措施2.23元/工时、柴油3.5元/kg，要求根据概算定额附录一施工机械台时费定额编制8t自卸汽车台时费单价。

解：查概算定额附录一施工机械台时费定额3013子目得到：

第一类费用：36.14元/台时。

第二类费用中，人工工时1.3，柴油消耗10.2kg，由此可计算出第二类费用为：$1.3 \times 2.66 + 10.2 \times 3.5 = 39.16$（元/台时）。

一、二类费用合计：$36.14 + 39.16 = 75.3$（元/台时）。

3　水土保持工程概(估)算编制规定

3.1　概　述

《水土保持工程概(估)算编制规定》包括《开发建设项目水土保持工程概(估)算编制规定》和《水上保持生态建设工程概(估)算编制规定》两部分,这两套概(估)算编制规定与《水土保持工程概算定额》配合使用,就可以分别编制出不同设计阶段、不同设计要求、符合各自特点的水土保持工程概(估)算投资。

开发建设项目水土保持工程和水土保持生态建设工程有各自的特点,两者在投资政策、资金来源、项目划分、费用构成,尤其是在计算标准上存在较大差异,用一个标准来计算水土保持工程投资,会导致工程投资无法落实,不符合国家对开发建设项目和生态建设项目水土保持工程的投资政策,也不利于有效控制和管理水土保持工程投资。因此,采用两个标准能够满足各自编制投资概(估)算的需要。

3.2　适用范围

两套编制规定有各自的适用范围,不要混淆。

《开发建设项目水土保持工程概(估)算编制规定》

主要适用于中央投资、中央补助、地方投资或其他投资的矿业开采、工矿企业建设、交通运输、水工程建设、电力建设、荒地开垦、林木采伐及城镇建设等一切可能引起水土流失的开发建设项目水土保持工程。

《水土保持生态建设工程概(估)算编制规定》主要适用于中央投资、中央补助、地方投资或其他投资的水土保持生态建设综合治理工程。

3.3 两套编制规定的主要区别

3.3.1 章节设置

两套编制规定在章节设置和编排上基本一致,《开发建设项目水土保持工程概(估)算编制规定》中设置为五章,包括第一章概述、第二章项目划分、第三章费用构成、第四章编制方法及计算标准、第五章概算表格。《水土保持生态建设工程概(估)算编制规定》设置为三章,包括第一章概述、第二章项目划分和第三章编制方法及计算标准。《水土保持生态建设工程概(估)算编制规定》取消了费用构成一章,而将其简化,并入项目划分,从而减小了篇幅。

3.3.2 项目划分

两者都将投资分成四大部分,但又各有特点。《开发建设项目水土保持工程概(估)算编制规定》按第一部分工程措施、第二部分植物措施、第三部分施工临时工程、第四部分独立费用划分;而《水土保持生态建设工程概(估)算编制规定》分为第一部分工程措施、第二部分林草措施、第三部分封育治理措施、第四部分独立费用。

同样是三级项目划分,但内容不同。《开发建设项目水土保持工程概(估)算编制规定》第一部分一级项目,分为拦渣工程、护坡工程、防洪工程、泥石流防治工程、土地整治工程、机械固沙工程、设备及安装工程;而《水土保持生态建设工程概(估)算编制规定》第一部分一级项目,分为梯田工程,谷坊、水窖、蓄水池工程,小型蓄排、引水工程,治沟骨干工程,机械固沙工程,设备及安装工程和其他工程。

同样是植物措施,但《开发建设项目水土保持工程概(估)算编制规定》第二部分一级项目,以植物防护工程、植物恢复工程和美化绿化工程为主划分;而《水土保持生态建设工程概(估)算编制规定》第二部分一级项目,以水土保持造林工程、水土保持种草工程和苗圃建设为主划分。

3.3.3 费用构成

两套编制规定费用构成基本相同,单价构成不同。

(1)费用构成。《开发建设项目水土保持工程概(估)算编制规定》将工程费用分为建安工程费、植物措施费、设备费、独立费用、预备费和建设期融资利息;而《水土保持生态建设工程概(估)算编制规定》将工程费用分为建安工程费、林草措施费、设备费、独立费用和预备费。

(2)单价构成。《开发建设项目水土保持工程概(估)算编制规定》按直接工程费(包括直接费、其他直接费、现场经费)、间接费、企业利润和税金组成;而《水土保持生态建设工程概(估)算编制规定》按直接费(包括基本直接费、其他直接费)、间接费、企业利润和税金组成。

3.3.4 编制方法及计算标准

3.3.4.1 人工工资

两者都按工程措施和植物措施划分人工预算单价,但计算方法及标准不一样。开发建设项目水土保持工程,需要按人工预算单价计算式列表计算,比较复杂;而生态建设项目水土保持工程,直接给出人工预算单价。前者标准高,后者标准低。

3.3.4.2 材料预算价格

主要材料预算价格编制方法基本相同,但采购保管费率不一样。开发建设项目水土保持工程,采购保管费率不分工程类别,均采用2%;而生态建设项目水土保持工程,要求按工程措施、林草措施分类选取。

3.3.4.3 电、水、风单价

开发建设项目水土保持工程,电、水单价要求按公式计算;而生态建设项目水土保持工程,直接给出了电、水、风单价。

3.4 概算编制方法及计算标准

开发建设项目水土保持工程和生态建设项目水土保持工程概算编制方法基本相同，但又有区别，尤其是计算标准差别较大，现分述如下。

3.4.1 开发建设项目水土保持工程

3.4.1.1 人工预算单价

人工预算单价按工程措施、植物措施分类，并按人工预算单价计算式列表计算。

工资组成主要包括基本工资、辅助工资、工资附加费。

3.4.1.2 材料预算价格

材料分为建筑材料及苗木、草(籽)费两个部分。建筑用材料直接计入工程单价，参与取费；苗木、草(籽)费作为三级项目计入水土保持植物措施概(估)算表，不取费。苗木、草(籽)费是否要计税，应服从当地税务部门规定。

材料预算价格由原价、包装费、运杂费、运输保险费和采购保管费组成。其中，采购保管费率按 2.0% 计算。

为避免由于砂石料、块石、料石等价格偏高而引起取费的不合理增加，采取限价计入工程单价的处理办法，购买价超过 70 元/m^3 的部分计取税金后列入相应部分之后。

考虑开发建设项目水土保持工程特点，为简化计算，直接给出了风的价格，计算标准为 0.12 元/m^3。

3.4.1.3 其他直接费

其他直接费由冬雨季施工增加费、夜间施工增加费、特殊地区施工增加费及其他组成。可按地区类别及当地规定计取。

3.4.1.4 现场经费

现场经费包括临时设施费、现场管理费。按不同工程类别选择费率计算。注意，现场经费中包含幼林抚育费。

3.4.1.5 间接费

间接费包括企业管理费、财务费用和其他费用，按不同工程类别选择费率计算。

3.4.1.6 企业利润

企业利润按工程类别实行差别利率，并按直接工程费和间接费之和的百分率计取。工程措施为 7%、植物措施为 5%。

3.4.1.7 税金

按项目所在地区，如市区、城镇、市区或城镇以外，取不同费率计算。

3.4.1.8 安装费

考虑到水土保持工程机电设备及金属结构设备投资比重较小，安装费按设备费的百分率计算。其中，排灌设备为 6%，监测设备为 10%。注意，设备费及安装费列在工程措施的一级项目中。

3.4.1.9 施工临时工程

包括临时防护工程和其他临时工程两部分。

临时防护工程指施工期为防止水土流失采取的临时防护措施,按设计方案的工程量乘以单价编制。

其他临时工程按第一部分工程措施和第二部分植物措施投资的 1.0%～2.0% 编制(大型工程、植物保护措施工程取下限)。

3.4.1.10 独立费用

(1) 建设管理费。建设管理费按一至三部分合计的1%～2%计算。

(2)工程建设监理费。工程建设监理费按国家及建设工程所在省、自治区、直辖市的有关规定计算。

(3) 科研勘测设计费。科研勘测设计费由科学研究试验费、勘测费和设计费组成。其中,科学研究试验费按建安工作量的 0.2%～0.5%计算。勘测费和设计费按国家计委、建设部计价格[2002]10 号文《工程勘察设计收费管理规定》、《水利水电工程勘察收费标准释义》、《水利电力工程设计收费标准释义》等规定计算。

(4) 水土流失监测费。水土流失监测费按建安工作量的 1%～1.5%计算。

(5)工程质量监督费。按国家及建设工程所在省、自治区、直辖市的有关规定计算。

3.4.1.11　预备费

预备费是为了弥补由于不可预见因素所发生的设计变更、工程量变化、政策变化及价格变化等情况而预留的费用，由基本预备费和价差预备费组成。初步设计概算基本预备费，按一至四部分投资合计的3%计取。价差预备费按国家规定的物价指数采用公式计算。

3.4.1.12　建设期融资利息

建设期融资利息按国家财政金融政策规定计算。

3.4.1.13　分年度投资

分年度投资是根据规划设计安排，按治理顺序和合理工期而计算的工程各年度完成的投资额，可根据施工总进度安排编制。

3.4.2　生态建设项目水土保持工程

3.4.2.1　人工预算单价

人工预算单价按工程措施、林草措施和封育治理措施分类，为简化计算，直接给出人工预算单价范围值，分别为1.5～1.9元/工时和1.2～1.5元/工时。编制概算时可根据地区类别及工程复杂程度选取。

3.4.2.2　材料预算价格

材料分为建筑材料及苗木、草(籽)费两个部分。建筑用材料直接计入工程单价，参与取费；苗木、草(籽)费作为三级项目计入水土保持植物措施概(估)算表，不取费。

材料预算价格由原价、包装费、运杂费、运输保险费和采购保管费组成。材料保管费率，工程措施按1.5%～2.0%计算，林草措施、封育治理措施按1.0%计算。

为避免由于砂石料、块石、料石等价格偏高而引起取费的不合理增加，采取限价计入工程单价的处理办法，购买价超过70元/m^3的部分计取税金后列入相应部分之后。

考虑水土保持生态建设工程特点，为简化计算，电、水单价直接给出，分别为0.6元/(kW·h)和1.0元/m^3。如条件允许，也可根据当地实际电、水价计算。

3.4.2.3 其他直接费率

其他直接费包括冬雨季施工增加费，仓库、简易路、涵洞、工棚及其他。按工程措施、林草措施和封育治理措施等不同工程类别选择费率，可分别按基本直接费的3.0%～4.0%、1.5%和1.0%计取。

3.4.2.4 间接费

间接费包括施工单位管理人员工资、办公费、差旅费、交通费、固定资产使用费、管理用具使用费和其他费用。按工程措施、林草措施和封育治理措施等不同工程类别选择费率，可分别按直接费的5%～7%、5%和4%计取。

3.4.2.5 企业利润

企业利润按工程类别实行差别利率，并按直接费和间接费之和的百分率计取。工程措施为3%～4%、林草措施为2%、封育治理措施为1%～2%。

3.4.2.6 税金

考虑项目治理区工程均在县城镇以外，故按直接费、间接费和利润之和的3.22%计算。

3.4.2.7 安装费

考虑到水土保持工程机电设备及金属结构设备投资比重较小，安装费不再按定额计算，直接按设备费的百分率计算。其中，排灌设备为6%，监测设备为10%。

3.4.2.8 独立费用

(1) 建设管理费。建设管理费由项目经常费、技术支持培训费两项组成。分别按建安工作量的0.8%～1.6%和0.4%～0.8%计算。

(2)工程建设监理费。工程建设监理费按国家及建设工程所在省、自治区、直辖市的有关规定计算。

(3) 科研勘测设计费。科研勘测设计费由科学研究试验费、勘测费和设计费组成。其中，科学研究试验费按建安工作量的0.2%～0.4%计算。勘测费和设计费按国家计委、建设部计价格[2002]10号文《工程勘察设计收费管理规定》、《水利水电工程勘察收费标准释义》、《水利电力工程设计收费标准释义》等规定计算。

(4)征地及淹没补偿费。按工程建设及施工占地和地面附着物等的实物量乘以相应的补偿标准计算。

(5)其他。其他由水土流失监测费、工程质量监督费组成。其中,水土流失监测费按建安工作量的0.3%~0.6%计算。工程质量监督费按国家及建设工程所在省、自治区、直辖市的有关规定计算。

3.4.2.9 预备费

预备费是为了弥补由于不可预见因素所发生的设计变更、工程量变化、政策变化及价格变化等情况而预留的费用,由基本预备费和价差预备费组成。初步设计概算基本预备费,按一至四部分投资合计的3%计取。价差预备费按国家规定的物价指数采用公式计算。

3.4.2.10 分年度投资

分年度投资是根据规划设计安排,按治理顺序和合理工期而计算的工程各年度完成的投资额,可根据施工总进度安排编制。

3.5 投资估算

开发建设项目水土保持工程和水土保持生态建设工程投资估算编制方法与其相应的概算编制方法基本相同,但工程单价扩大系数及基本预备费率与概算不同。

开发建设项目水土保持工程，采用概算定额编制估算单价时，扩大10%，基本预备费率取6%。

水土保持生态建设工程，采用概算定额编制估算单价时，扩大5%，基本预备费率取6%。

4 综合案例

某水利枢纽工程需编制水土保持工程投资，初设阶段工程量及施工方法见《开发建设项目水土保持工程量表》。要求按照水总[2003]67号文规定编制该项目概算总投资。

已知：

(1)人工预算单价：工程措施2.66元/工时、植物措施2.23元/工时。

(2)主要材料预算价格：水泥380元/t，原木900元/m^3，砂75元/m^3，块石45元/m^3，柴油3600元/t；施工用水价格为0.6元/m^3；铁丝3.5元/kg，麦草(柴草)0.2元/kg，树枝0.25元/kg。

(3)取费标准：按照水总[2003]67号文规定取中限。

(4)苗木种子数量已含损耗。

(5)工程建设监理费1.5%，科研勘测设计费4%。

(6)该项目总工期为3年，一至四部分合计分年投资比例：第1年30%、第2年45%、第3年25%。贷款比例70%，年利率5.58%。

开发建设项目水土保持工程量表

编号	项 目 名 称	单位	数量
一	护坡工程		
	浆砌石护坡(M5 砂浆)	m^3	16948
	浆砌石挡土墙(M7.5 砂浆)	m^3	17480
二	沟道防洪工程		
	防洪埂土方(人工开挖,手扶拖拉机装运 200m,Ⅲ类土)	m^3	677100
	排洪沟土方(人工挖沟槽,Ⅳ类土,上口宽 3.5m,深 3m)	m^3	55758
三	土地整治工程		
	覆土(0.5m^3 机动翻斗车装运 150m,Ⅲ类土)	m^3	299900
	土地平整(74kW 推土机平整,Ⅱ类土)	m^2	17484100
	机修梯田(坡度 15°,田面宽度 15m,Ⅱ类土)	m^2	273600
四	防风固沙工程		
	草方格沙障(高 30cm)	m	47768000
	立杆串草把沙障(高 80cm)	m	150000
	树枝栅栏(高 1.5m)	m	42650
五	工程整地		
	水平沟整地(20°)	个	76000
	小鱼鳞坑整地	个	28620
	水平阶整地(0.7m,20°)	个	27990
六	栽(种)植工程		

续表

编号	项目名称	单位	数量
1	乔木		
	白派杨树(2年生,胸径4cm,1.5元/株)	株	810000
	油松(2年生,地径0.5cm,0.4元/株)	株	13000
	侧柏(2年生,地径0.5cm,0.6元/株)	株	13500
	刺槐(2年生,地径0.5cm,1.5元/株)	株	820000
	红富士苹果(1年生,地径0.3cm,0.75元/株)	株	57000
	沙枣(1年生植苗,地径0.3cm,0.2元/株)	株	2803000
2	灌木		
	柠条(行距1m,条播,15元/kg,15kg/hm^2,10667hm^2)	kg	160000
	枸杞(缝植,0.1元/株)	株	543000
	沙棘(苗植,丛高35cm,0.32元/株)	株	22800
3	草籽		
	芨芨草(撒播,覆土,85元/kg)	kg	1500
	油蒿、沙蒿(撒播,覆土,75元/kg)	kg	1700
	苜蓿、沙打旺(撒播,覆土,12元/kg)	kg	16200
	草籽	m^2	8120800

概算编制结果见下列表格。

总 概 算 表

单位:万元

编号	工程或费用名称	建安工程费	林草措施费		设备费	独立费用	投资合计
			栽植费	林草及种子费			
	第一部分　工程措施	4063.60					4063.60
一	护坡工程	569.41					569.41
二	防洪工程	613.15					613.15
三	土地整治工程	1393.22					1393.22
四	机械固沙工程	1487.82					1487.82
	第二部分　植物措施	32.28	428.48	597.27			1058.03
一	整地工程	32.28					32.28
二	栽(种)植工程		428.48	44.94			473.42
三	草籽、苗木			552.33			552.33
	第三部分　施工临时工程	76.82					76.82
一	其他临时工程	76.82					76.82
	第四部分　独立费用					374.3	374.29
一	建设管理费					78.0	77.98

续表

编号	工程或费用名称	建安工程费	林草措施费		设备费	独立费用	投资合计
			栽植费	林草及种子费			
二	工程建设监理费					78.0	77.98
三	科研勘测设计费					207.9	207.94
四	水土流失监测费					6.5	6.5
五	工程质量监督费					3.9	3.9
	以上合计						5572.74
	基本预备费						167.18
	静态总投资						5739.92
	价差预备费						
	资本金						1721.98
	建设期融资利息						357.94
	总投资						6097.86

分部工程概算表

编号	工程或费用名称	单位	数量	单价(元)	合计(万元)
	第一部分　工程措施				4063.60
一	护坡工程				569.41
	浆砌石护坡	m^3	16948	166.9	282.86
	浆砌石挡土墙	m^3	17480	163.93	286.55
二	防洪工程				613.15
	土方开挖(防洪埂)	m^3	677100	8.05	545.07
	土方开挖(排洪沟)	m^3	55758	12.21	68.08
三	土地整治工程				1393.22
	覆土	m^3	299900	8.14	244.12
	土地平整	m^2	17484100	0.62	1084.01
	机修梯田	hm^2	27.36	23790.54	65.09
四	机械固沙工程				1487.82
	草方格沙障	m	47768000	0.25	1194.20
	立杆串草把沙障	m	150000	16.45	246.75
	树枝栅栏	m	42650	10.99	46.87
	第二部分　植物措施				1058.03
一	整地工程				32.28
	水平沟整地	个	76000	3.17	24.09

续表

编号	工程或费用名称	单位	数量	单价(元)	合计(万元)
	小鱼鳞坑整地	个	28620	1.21	3.46
	水平阶整地	个	27990	1.69	4.73
二	栽(种)植工程				428.48
(一)	栽植乔木				121.63
	白派杨树(2年生,胸径4cm)	株	810000	0.7	56.70
	油松(2年生,地径0.5cm)	株	13000	0.19	0.25
	侧柏(2年生,地径0.5cm)	株	13500	0.21	0.28
	刺槐(2年生,地径0.5cm)	株	820000	0.26	21.32
	红富士苹果(1年生,地径0.3cm)	株	57000	0.18	1.03
	沙枣(1年生植苗,地径0.3cm)	株	2803000	0.15	42.05
(二)	栽植灌木				288.90
	柠条(条播)	hm^2	10667	264.84	282.50
	枸杞(缝植)	株	543000	0.11	5.97
	沙棘(苗植,丛高35cm)	株	22800	0.19	0.43
(三)	种草				17.95
	芨芨草(撒播,覆土)	hm^2	212.08	239.14	5.07

续表

编号	工程或费用名称	单位	数量	单价(元)	合计(万元)
	油蒿、沙蒿(撒播,覆土)	hm^2	300	233.23	7.00
	苜蓿、沙打旺(撒播,覆土)	hm^2	300	195.95	5.88
三	草籽、苗木				597.27
(一)	乔木				306.17
	白派杨树(2年生,胸径4cm)	株	810000	1.5	121.50
	油松(2年生,地径0.5cm)	株	13000	0.4	0.52
	侧柏(2年生,地径0.5cm)	株	13500	0.6	0.81
	刺槐(2年生,地径0.5cm)	株	820000	1.5	123.00
	红富士苹果(1年生,地径0.3cm)	株	57000	0.75	4.28
	沙枣(1年生植苗,地径0.3cm)	株	2803000	0.2	56.06
(二)	灌木				246.16
	柠条(条播)	kg	160000	15	240.00
	枸杞(缝植)	株	543000	0.1	5.43

续表

编号	工程或费用名称	单位	数量	单价(元)	合计(万元)
	沙棘(苗植,丛高35cm)	株	22800	0.32	0.73
(三)	草籽				44.94
	芨芨草(撒播,覆土)	kg	1500	85	12.75
	油蒿、沙蒿(撒播,覆土)	kg	1700	75	12.75
	苜蓿、沙打旺(撒播,覆土)	kg	16200	12	19.44
	第三部分　施工临时工程				76.82
一	其他临时工程	项	1	768245.1	76.82
	第四部分　独立费用				374.29
一	建设管理费	项	1	779768.8	77.98
二	工程建设监理费	项	1	779768.8	77.98
三	科研勘测设计费	项	1	2079383	207.94
四	水土流失监测费	项	1	64980.73	6.50
五	工程质量监督费	项	1	38988.44	3.90

分年度投资表 单位:万元

编号	工程或费用名称	投资合计	第1年	第2年	第3年
	第一部分　工程措施	4063.60	1219.08	1828.62	1015.90
一	护坡工程	569.41	170.82	256.23	142.36
二	防洪工程	613.15	183.94	275.92	153.29
三	土地整治工程	1393.22	417.97	626.95	348.30
四	机械固沙工程	1487.82	446.35	669.52	371.95
	第二部分　植物措施	1058.03	317.41	476.11	264.51
一	整地工程	32.28	9.69	14.53	8.07
二	栽(种)植工程	428.48	128.54	192.82	107.12
(一)	栽植乔木	121.63	36.49	54.73	30.40
(二)	栽植灌木	288.90	86.67	130.01	72.23
(三)	种草	17.95	5.38	8.08	4.49
三	草籽、苗木	597.27	179.18	268.77	149.31
(一)	乔木	306.17	91.85	137.78	76.54

续表

编号	工程或费用名称	投资合计	第1年	第2年	第3年
(二)	灌木	246.16	73.85	110.77	61.54
(三)	草籽	44.94	13.48	20.22	11.24
	第三部分　施工临时工程	76.82	23.05	34.57	19.20
一	其他临时工程	76.82	23.05	34.57	19.20
	第四部分　独立费用	374.29	112.29	168.43	93.57
一	建设管理费	77.98	23.39	35.09	19.50
二	工程建设监理费	77.98	23.39	35.09	19.50
三	科研勘测设计费	207.94	62.38	93.57	51.99
四	水土流失监测费	6.50	1.95	2.92	1.63
五	工程质量监督费	3.90	1.17	1.75	0.98
	以上合计	5572.74	1671.83	2507.73	1393.18
	基本预备费	167.18	50.15	75.23	41.80
	静态总投资	5739.92	1721.98	2582.96	1434.98
	价差预备费				
	资本金	1721.98	516.59	774.89	430.49
	建设期融资利息	357.94	33.63	119.58	204.73
	总投资	6097.86	1755.61	2702.54	1639.71

浆砌石护坡

定额编号:[03024]　　　　定额单位:100m^3

施工方法:人工砌筑

编号	项目名称	单位	数量	单价(元)	合价(元)
一	直接工程费				14671.38
(一)	直接费				13906.52
1	人工费				2297.97
	人工	工时	863.9	2.66	2297.97
2	材料费				11348.12
	块石	m^3	108	45	4860.00
	M5　砂浆	m^3	35.3	182.2	6431.66
	其他材料费	%	0.5		56.46
3	机械使用费				260.43
	混凝土搅拌机　0.4 m^3	台时	6.54	17.329	113.33
	胶轮车	台时	163.44	0.9	147.10
(二)	其他直接费	%	2.5		347.66
(三)	现场经费	%	3		417.20
二	间接费	%	3		440.14
三	企业利润	%	7		1057.81
四	税金	%	3.22		520.65
合　计					16689.98

浆砌石挡土墙

定额编号:[03028]　　　　定额单位:$100m^3$

施工方法:人工砌筑

编号	项目名称	单位	数量	单价(元)	合价(元)
一	直接工程费				14410.22
(一)	直接费				13658.98
1	人工费				2220.04
	人工	工时	834.6	2.66	2220.04
2	材料费				11183.32
	块石	m^3	108	45	4860.00
	M5 砂浆	m^3	34.4	182.2	6267.68
	其他材料费	%	0.5		55.64
3	机械使用费				255.62
	混凝土搅拌机　0.4 m^3	台时	6.38	17.329	110.56
	胶轮车	台时	161.18	0.9	145.06
(二)	其他直接费	%	2.5		341.47
(三)	现场经费	%	3		409.77
二	间接费	%	3		432.31
三	企业利润	%	7		1038.98
四	税金	%	3.22		511.38
合　计					16392.89

土方开挖(防洪埂)

定额编号:[01117] 定额单位:100m³

施工方法:人工装土、手扶拖拉机运输,运距200m

编号	项目名称	单位	数量	单价(元)	合价(元)
一	直接工程费				707.49
(一)	直接费				670.60
1	人工费				316.54
	人工	工时	119	2.66	316.54
2	材料费				13.15
	零星材料费	%	2		13.15
3	机械使用费				340.91
	手扶式拖拉机 11kW	台时	30.01	11.36	340.91
(二)	其他直接费	%	2.5		16.77
(三)	现场经费	%	3		20.12
二	间接费	%	3		21.22
三	企业利润	%	7		51.01
四	税金	%	3.22		25.11
合计					804.83

土方开挖(排洪沟)

定额编号:[01034]　　定额单位:$100m^3$

施工方法:人工挖沟槽,Ⅳ类土,上口宽3.5m,深度3m

编号	项目名称	单位	数量	单价(元)	合价(元)
一	直接工程费				1093.72
(一)	直接费				1031.81
1	人工费				1001.76
	人工	工时	376.6	2.66	1001.76
2	材料费				30.05
	零星材料费	%	3		30.05
(二)	其他直接费	%	2		20.64
(三)	现场经费	%	4		41.27
二	间接费	%	3		32.81
三	企业利润	%	5		56.33
四	税金	%	3.22		38.09
合　计					1220.95

覆 土

定额编号:[01134b] 定额单位:$100m^3$

施工方法:人工装土、机动翻斗车运输,运距150m

编号	项目名称	单位	数量	单价(元)	合价(元)
一	直接工程费				715.76
(一)	直接费				678.45
1	人工费				307.76
	人工	工时	115.7	2.66	307.76
2	材料费				13.30
	零星材料费	%	2		13.30
3	机械使用费				357.39
	机动翻斗车 $0.5m^3$	台时	33.28	10.739	357.39
(二)	其他直接费	%	2.5		16.96
(三)	现场经费	%	3		20.35
二	间接费	%	3		21.47
三	企业利润	%	7		51.61
四	税金	%	3.22		25.40
合 计					814.24

土地平整

定额编号:[01146] 定额单位:$100m^2$

施工方法:推土机推平,土类级别Ⅱ

编号	项目名称	单位	数量	单价(元)	合价(元)
一	直接工程费				54.43
(一)	直接费				51.59
1	人工费				1.86
	人工	工时	0.7	2.66	1.86
2	材料费				7.50
	零星材料费	%	17		7.50
3	机械使用费				42.23
	推土机 74kW	台时	0.49	86.182	42.23
(二)	其他直接费	%	2.5		1.29
(三)	现场经费	%	3		1.55
二	间接费	%	3		1.63
三	企业利润	%	7		3.92
四	税金	%	3.22		1.93
合计					61.91

机修梯田

定额编号:[09370]　　　　定额单位:$1hm^2$

施工方法:土类级别Ⅱ,田面宽度 15m

编号	项目名称	单位	数量	单价(元)	合价(元)
一	直接工程费				20913.15
(一)	直接费				19822.89
1	人工费				14246.96
	人工	工时	5356	2.66	14246.96
2	材料费				577.37
	零星材料费	%	3		577.37
3	机械使用费				4998.56
	推土机　74kW	台时	58	86.182	4998.56
(二)	其他直接费	%	2.5		495.57
(三)	现场经费	%	3		594.69
二	间接费	%	3		627.39
三	企业利润	%	7		1507.84
四	税金	%	3.22		742.16
合　计					23790.54

草方格沙障

定额编号:[07026]　　　　　　　　　　　　定额单位:100m

施工方法:高度 0.3m

编号	项目名称	单位	数量	单价(元)	合价(元)
一	直接工程费				22.08
(一)	直接费				20.93
1	人工费				10.91
	人工	工时	4.1	2.66	10.91
2	材料费				10.02
	柴草	kg	50	0.2	10.00
	其他材料费	%	0.2		0.02
(二)	其他直接费	%	2.5		0.52
(三)	现场经费	%	3		0.63
二	间接费	%	3		0.66
三	企业利润	%	7		1.59
四	税金	%	3.22		0.78
合　计					25.11

立杆串草把沙障

定额编号:[07027b] 定额单位:100m

施工方法:高度0.8m

编号	项目名称	单位	数量	单价(元)	合价(元)
一	直接工程费				1446.34
(一)	直接费				1370.94
1	人工费				210.14
	人工	工时	79	2.66	210.14
2	材料费				1160.80
	原木	m^3	0.96	900	864.00
	铅丝	kg	5.9	5.2	30.68
	麦草	kg	1319	0.2	263.80
	其他材料费	%	0.2		2.32
(二)	其他直接费	%	2.5		34.27
(三)	现场经费	%	3		41.13
二	间接费	%	3		43.39
三	企业利润	%	7		104.28
四	税金	%	3.22		51.33
合计					1645.34

树枝栅栏

定额编号:[07038b]　　　　　　　　定额单位:100m

施工方法:高度 1.5m

编号	项目名称	单位	数量	单价(元)	合价(元)
一	直接工程费				965.99
(一)	直接费				915.63
1	人工费				65.17
	人工	工时	24.5	2.66	65.17
2	材料费				850.46
	原木	m^3	0.73	900	657.00
	铅丝	kg	6.8	5.2	35.36
	树枝	kg	533.33	0.25	133.33
	其他材料费	%	3		24.77
(二)	其他直接费	%	2.5		22.89
(三)	现场经费	%	3		27.47
二	间接费	%	3		28.98
三	企业利润	%	7		69.65
四	税金	%	3.22		34.28
合　计					1098.90

水平沟整地

定额编号:[08018]　　　　　　　　　　　　定额单位:100 个

施工方法:

编号	项目名称	单位	数量	单价(元)	合价(元)
一	直接工程费				283.64
(一)	直接费				267.59
1	人工费				264.94
	人工	工时	99.6	2.66	264.94
2	材料费				2.65
	零星材料费	%	1		2.65
(二)	其他直接费	%	2		5.35
(三)	现场经费	%	4		10.70
二	间接费	%	3		8.51
三	企业利润	%	5		14.61
四	税金	%	3.22		9.88
合　计					316.64

小鱼鳞坑整地

定额编号:[08023]　　　　定额单位:100 个

施工方法:

编号	项目名称	单位	数量	单价(元)	合价(元)
一	直接工程费				108.18
(一)	直接费				102.06
1	人工费				93.63
	人工	工时	35.2	2.66	93.63
2	材料费				8.43
	零星材料费	%	9		8.43
(二)	其他直接费	%	2		2.04
(三)	现场经费	%	4		4.08
二	间接费	%	3		3.25
三	企业利润	%	5		5.57
四	税金	%	3.22		3.77
合　计					120.77

水平阶整地(0.7m,20°)

定额编号:[08001] 定额单位:100 个

施工方法:

编号	项目名称	单位	数量	单价(元)	合价(元)
一	直接工程费				151.58
(一)	直接费				143.00
1	人工费				136.19
	人工	工时	51.2	2.66	136.19
2	材料费				6.81
	零星材料费	%	5		6.81
(二)	其他直接费	%	2		2.86
(三)	现场经费	%	4		5.72
二	间接费	%	3		4.55
三	企业利润	%	5		7.81
四	税金	%	3.22		5.28
合计					169.22

白派杨树(2 年生,胸径 4cm)

定额编号:[08086]　　定额单位:100 株

施工方法:

编号	项目名称	单位	数量	单价(元)	合价(元)
一	直接工程费				62.91
(一)	直接费				59.35
1	人工费				53.52
	人工	工时	24	2.23	53.52
2	材料费				5.83
	水	m^3	2	0.6	1.20
	白派杨树(2 年生,胸径 4cm)	株	102	1.5	
	其他材料费	%	3		4.63
(二)	其他直接费	%	2		1.19
(三)	现场经费	%	4		2.37
二	间接费	%	3		1.89
三	企业利润	%	5		3.24
四	税金	%	3.22		2.19
合计					70.23

油松(2 年生,地径 0.5cm)

定额编号:[08082b] 定额单位:100 株

施工方法:

编号	项目名称	单位	数量	单价(元)	合价(元)
一	直接工程费				17.35
(一)	直接费				16.37
1	人工费				14.12
	人工	工时	6.33	2.23	14.12
2	材料费				2.25
	水 油松(2 年生,地径 0.5cm) 其他材料费	m^3 株 %	0.33 102 5	0.6 0.4 	0.20 2.05
(二)	其他直接费	%	2		0.33
(三)	现场经费	%	4		0.65
二	间接费	%	3		0.52
三	企业利润	%	5		0.89
四	税金	%	3.22		0.60
合 计					19.36

侧柏(2 年生,地径 0.5cm)

定额编号:[08082b] 定额单位:100 株

施工方法:

编号	项目名称	单位	数量	单价(元)	合价(元)
一	直接工程费				18.44
(一)	直接费				17.39
1	人工费				14.12
	人工	工时	6.33	2.23	14.12
2	材料费				3.27
	水	m^3	0.33	0.6	0.20
	侧柏(2 年生,地径 0.5cm)	株	102	0.6	
	其他材料费	%	5		3.07
(二)	其他直接费	%	2		0.35
(三)	现场经费	%	4		0.70
二	间接费	%	3		0.55
三	企业利润	%	5		0.95
四	税金	%	3.22		0.64
合 计					20.58

刺槐(2年生,地径0.5cm)

定额编号:[08082b]　　　　定额单位:100株

施工方法:

编号	项目名称	单位	数量	单价(元)	合价(元)
一	直接工程费				23.30
(一)	直接费				21.98
1	人工费				14.12
	人工	工时	6.33	2.23	14.12
2	材料费				7.86
	水	m^3	0.33	0.6	0.20
	刺槐(2年生,地径0.5cm)	株	102	1.5	
	其他材料费	%	5		7.66
(二)	其他直接费	%	2		0.44
(三)	现场经费	%	4		0.88
二	间接费	%	3		0.70
三	企业利润	%	5		1.20
四	税金	%	3.22		0.81
合　计					26.01

红富士苹果(1年生,地径0.3cm)

定额编号:[08082]　　　　定额单位:100株

施工方法:

编号	项目名称	单位	数量	单价(元)	合价(元)
一	直接工程费				16.00
(一)	直接费				15.10
1	人工费				11.15
	人工	工时	5	2.23	11.15
2	材料费				3.95
	水	m^3	0.2	0.6	0.12
	红富士苹果(1年生,地径0.3cm)	株	102	0.75	
	其他材料费	%	5		3.83
(二)	其他直接费	%	2		0.30
(三)	现场经费	%	4		0.60
二	间接费	%	3		0.48
三	企业利润	%	5		0.82
四	税金	%	3.22		0.56
合　计					17.86

沙枣(1 年生植苗,地径 0.3cm)

定额编号:[08082]　　定额单位:100 株

施工方法:

编号	项目名称	单位	数量	单价(元)	合价(元)
一	直接工程费				13.04
(一)	直接费				12.30
1	人工费				11.15
	人工	工时	5	2.23	11.15
2	材料费				1.15
	水	m^3	0.2	0.6	0.12
	沙枣(1 年生植苗,地径 0.3cm)	株	102	0.2	
	其他材料费	%	5		1.03
(二)	其他直接费	%	2		0.25
(三)	现场经费	%	4		0.49
二	间接费	%	3		0.39
三	企业利润	%	5		0.67
四	税金	%	3.22		0.45
合计					14.55

柠条(条播)

定额编号:[08070]　　　　定额单位:$1hm^2$

施工方法:

编号	项目名称	单位	数量	单价(元)	合价(元)
一	直接工程费				237.24
(一)	直接费				223.81
1	人工费				216.31
	人工	工时	97	2.23	216.31
2	材料费				7.50
	柠条籽(条播)	kg	10	15	
	其他材料费	%	5		7.50
(二)	其他直接费	%	2		4.48
(三)	现场经费	%	4		8.95
二	间接费	%	3		7.12
三	企业利润	%	5		12.22
四	税金	%	3.22		8.26
合　计					264.84

枸杞(缝植)

定额编号:[08098]　　　　定额单位:100 株

施工方法:

编号	项目名称	单位	数量	单价(元)	合价(元)
一	直接工程费				9.68
(一)	直接费				9.13
1	人工费				8.92
	人工	工时	4	2.23	8.92
2	材料费				0.21
	枸杞(缝植)	株	103	0.1	
	其他材料费	%	2		0.21
(二)	其他直接费	%	2		0.18
(三)	现场经费	%	4		0.37
二	间接费	%	3		0.29
三	企业利润	%	5		0.50
四	税金	%	3.22		0.34
合　计					10.81

沙棘(苗植,丛高35cm)

定额编号:[08091b] 定额单位:100株

施工方法:

编号	项目名称	单位	数量	单价(元)	合价(元)
一	直接工程费				17.07
(一)	直接费				16.11
1	人工费				15.23
	人工	工时	6.83	2.23	15.23
2	材料费				0.88
	水	m^3	0.37	0.6	0.22
	沙棘(苗植,丛高35cm)	株	102	0.32	
	其他材料费	%	2		0.66
(二)	其他直接费	%	2		0.32
(三)	现场经费	%	4		0.64
二	间接费	%	3		0.51
三	企业利润	%	5		0.88
四	税金	%	3.22		0.59
合计					19.05

芨芨草(撒播,覆土)

定额编号:[08057]　　定额单位:$1hm^2$

施工方法:

编号	项目名称	单位	数量	单价(元)	合价(元)
一	直接工程费				214.22
(一)	直接费				202.10
1	人工费				159.60
	人工	工时	60	2.66	159.60
2	材料费				42.50
	芨芨草籽(撒播,覆土)	kg	10	85	
	其他材料费	%	5		42.50
(二)	其他直接费	%	2		4.04
(三)	现场经费	%	4		8.08
二	间接费	%	3		6.43
三	企业利润	%	5		11.03
四	税金	%	3.22		7.46
合　计					239.14

油蒿、沙蒿籽(撒播,覆土)

定额编号:[08057]　　　　　　　　　　　　　　　　　定额单位:$1hm^2$

施工方法:

编号	项目名称	单位	数量	单价(元)	合价(元)
一	直接工程费				208.92
(一)	直接费				197.10
1	人工费				159.60
	人工	工时	60	2.66	159.60
2	材料费				37.50
	油蒿、沙蒿籽(撒播,覆土)	kg	10	75	
	其他材料费	%	5		37.50
(二)	其他直接费	%	2		3.94
(三)	现场经费	%	4		7.88
二	间接费	%	3		6.27
三	企业利润	%	5		10.76
四	税金	%	3.22		7.28
合　计					233.23

苜蓿、沙打旺(撒播,覆土)

定额编号:[08057] 定额单位:$1hm^2$

施工方法:

编号	项目名称	单位	数量	单价(元)	合价(元)
一	直接工程费				175.53
(一)	直接费				165.60
1	人工费				159.60
	人工	工时	60	2.66	159.60
2	材料费				6.00
	苜蓿、沙打旺籽(撒播,覆土)	kg	10	12	
	其他材料费	%	5		6.00
(二)	其他直接费	%	2		3.31
(三)	现场经费	%	4		6.62
二	间接费	%	3		5.27
三	企业利润	%	5		9.04
四	税金	%	3.22		6.11
合计					195.95